U0174674

随书提供 51 个趣味视频，分布在相应章节中。前 5 个可扫码免费观看，其余视频（46 个）需购买观看（1 元 / 个）。如有需要，可扫描此二维码购买全部视频（30 元），即可观看所有视频

探秘

看见生物多样性

主　编　隋鸿锦

副主编　薛玉超　范业贤

编　委　单　驿　周云峰　高海斌
马学伟　李思情　王　倩
李　军　姚世谋

電子工業出版社
Publishing House of Electronics Industry
北京・BEIJING

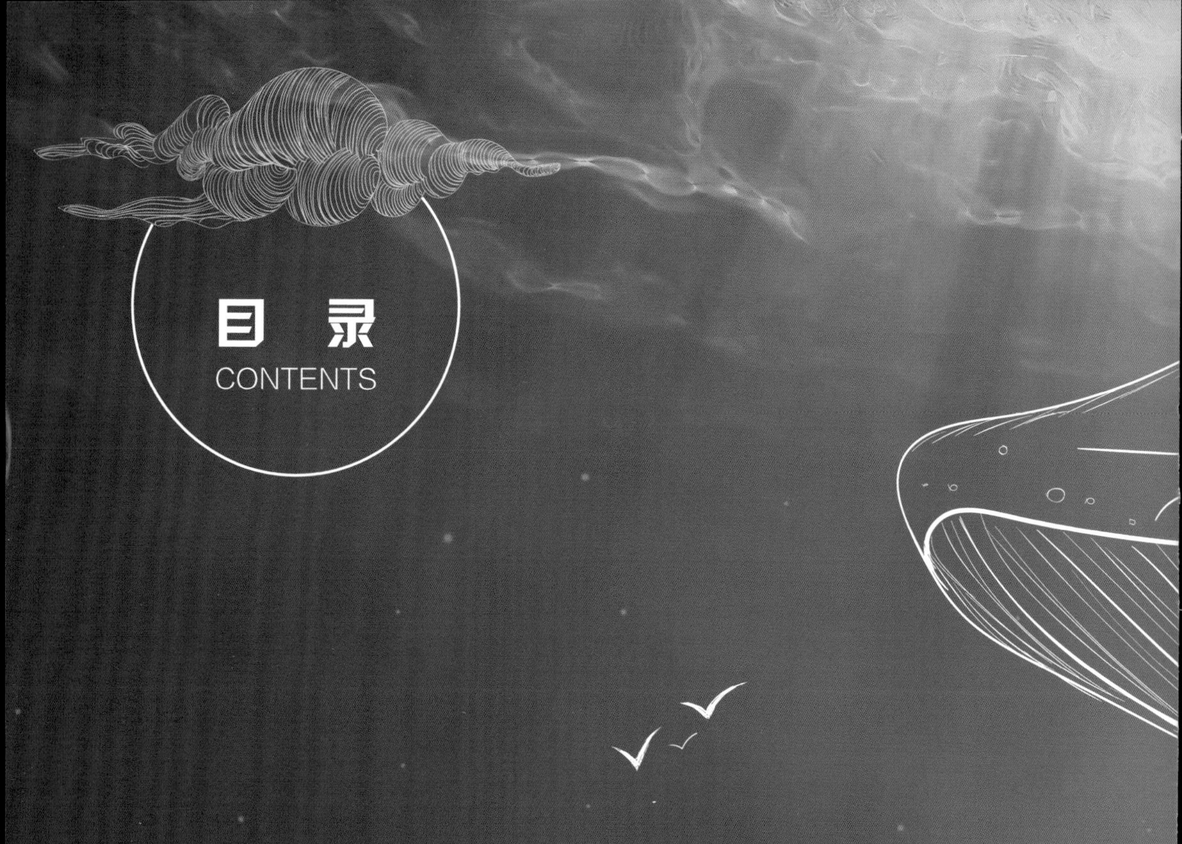

目录
CONTENTS

1 生命之初

从生物学角度来看，生物体的基本功能是繁殖后代，生殖是生命的基本特征之一。动物通过生殖的方式将自己的基因遗传下去，由大自然选择出更优秀的后代，从而促进种族进化。生殖分为无性生殖和有性生殖两种。部分低等无脊椎动物的生殖方式是无性生殖，如出芽生殖和细胞生殖等。脊椎动物的生殖方式主要是有性生殖，分为卵生、卵胎生和胎生。

动物的受精卵在母体外独立发育的过程叫“卵生”。卵生动物是指用产卵的方式繁殖的动物，一般的鸟类、爬虫类和大部分的鱼类都是卵生动物，如鸡、鸭、鱼、青蛙、乌龟等。卵生动物产下卵（蛋）后，经过孵化，出生。卵生的特点是胚胎在发育的过程中全靠卵自身所含的卵黄作为营养。

鲨鱼卵不是圆形的。为了避免鲨鱼卵被水冲走，鲨鱼在产卵时需要和海草连在一起，因此，鲨鱼卵的形态看起来比较奇怪。

鲟鱼是目前世界上最古老的鱼类之一，有“水中活化石”的称号。鲟鱼在排卵期之前，它身体的每一侧都

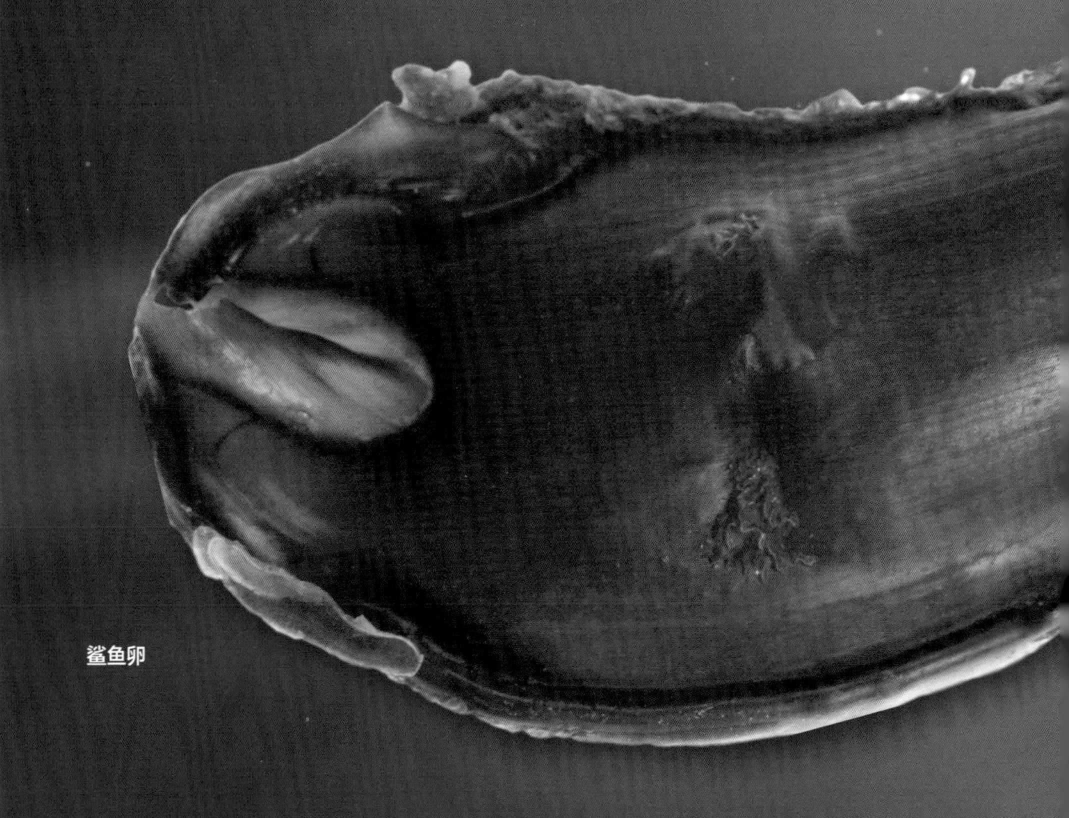

鲨鱼卵

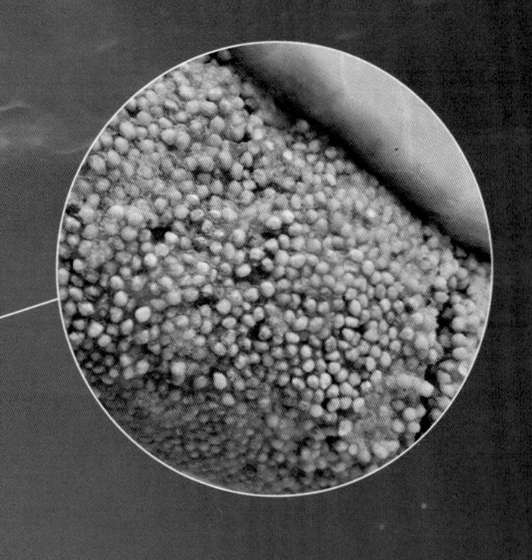

鲟鱼标本（有鱼子）

有大量的鱼卵。以中华鲟为例，个体产卵量达 30.6 万 ~ 130.3 万粒，平均为 64.5 万粒。正因如此，人们常常养殖鲟鱼用来获取鱼卵制作鱼子酱。

暴露在水中的单只鲟鱼卵成活到成年的机会非常小，所以它们进化出了一种特殊的技能——大量排卵。总有被天敌吃剩下的鱼卵可以存活，通过数量优势来保证后代的繁衍。

翻车鱼一次可以产卵 3 亿颗，有着“产卵冠军”的称号。虽产卵 3 亿颗，但最终活下来、能长成成体的鱼卵不会超过 10 个。翻车鱼每只卵的直径只有不到 1 毫米。

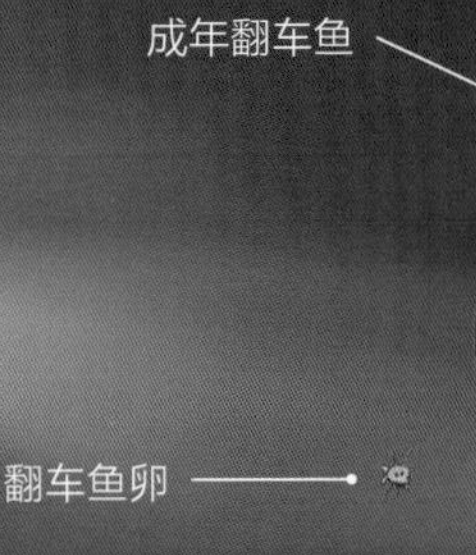

翻车鱼卵和成年翻车鱼对比

鱼类繁殖有两种不同的发展方向。一种是卵生——以数量取胜，不断增加产卵数量；另一种是卵胎生——保证成活率。

动物的卵在体内受精、体内发育的这种生殖形式叫“卵胎生”。受精卵虽在母体内发育成新个体，但胚体与母体的联系并不密切。胚胎发育所需的营养主要靠吸收卵自身的卵黄，或者是与母体输卵管进行一些物质交换。

在双髻鲨的肚子里能看到很多未出生的小双髻鲨。也就是说，双髻鲨是在妈妈肚子里孵化成长的，这样它们的成活率就提高了，这就是卵胎生。

从怀孕鲨鱼切片中可以看到鲨鱼的肚子里还有没出生的小鲨鱼。在小鲨鱼前面还有很多椭圆形的结构，这些是没有受精的卵。为什么在鲨鱼的肚子里有小鲨鱼和这种没有受精的卵呢？这是卵胎生提高成活率的另一种特殊方式。卵胎生的胚胎所需营养主要来自卵黄，当卵黄内的营养被消耗之后，鲨鱼妈妈把没有受精的卵给小鲨鱼，当作小鲨鱼“鱼生”的第一顿美餐。

怀孕鲨鱼切片

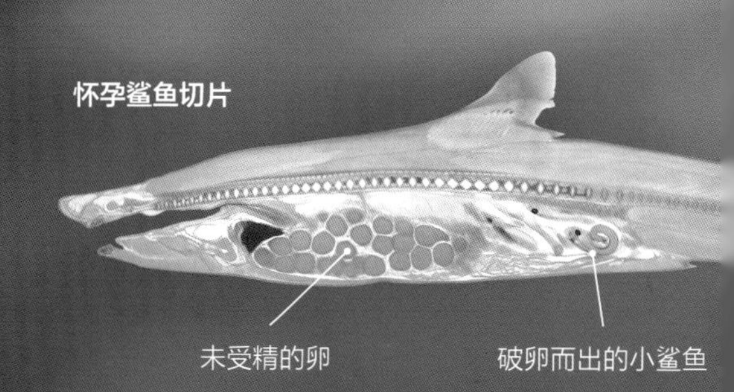

怀孕双髻鲨

双髻鲨幼崽

动物的受精卵在雌性动物的子宫里发育成熟并生产的过程叫“胎生”。胚胎发育所需要的营养可以从母体中获得，直至出生。胚胎在发育时通过胎盘和脐带吸取母体血液中的营养物质和氧气，同时把代谢废物送出母体。胎生为发育的胚胎提供了保护、营养及恒温发育等条件，最大限度地降低了外界环境对胚胎发育的不利影响。哺乳动物一般为胎生。

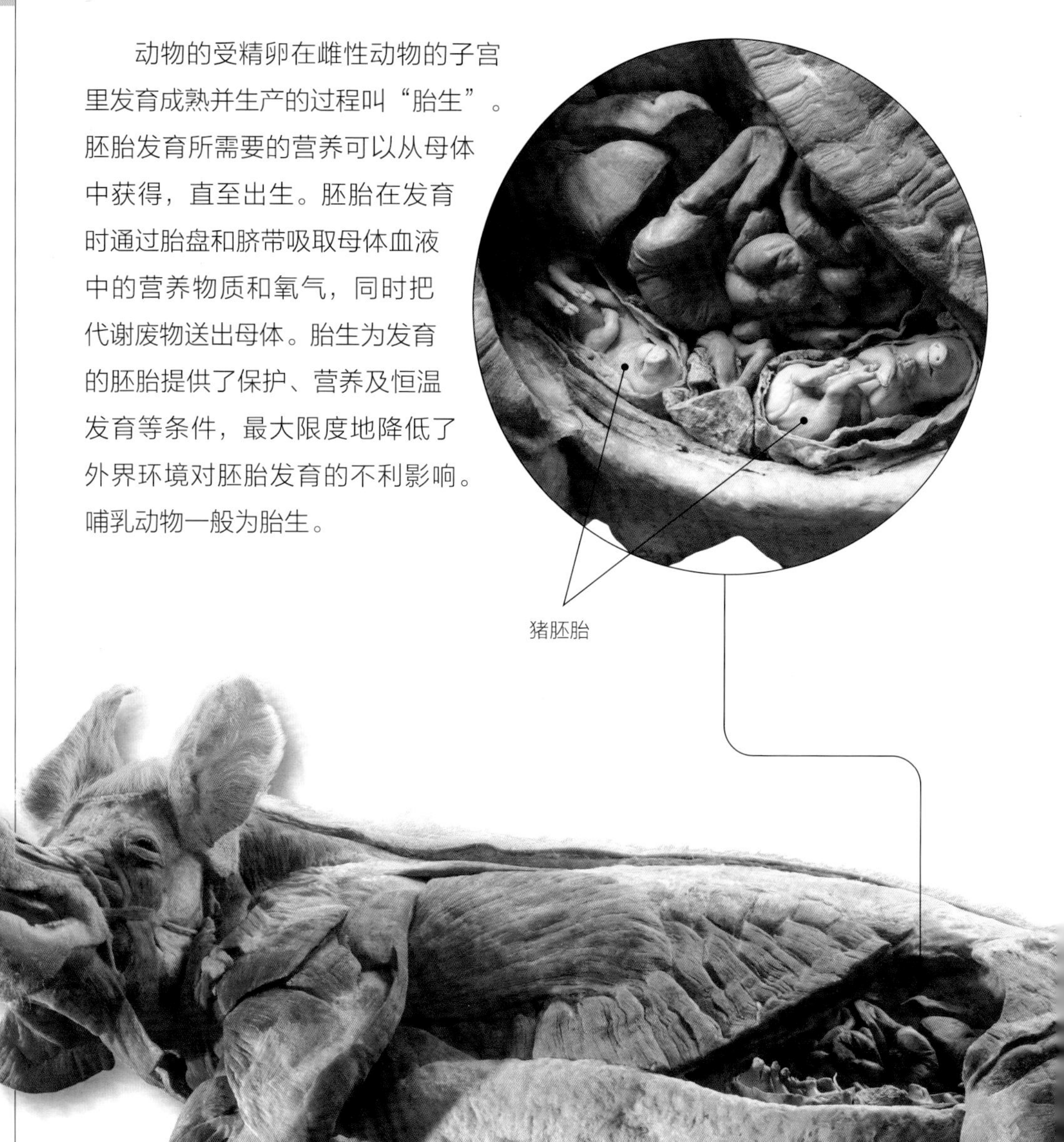

孕猪

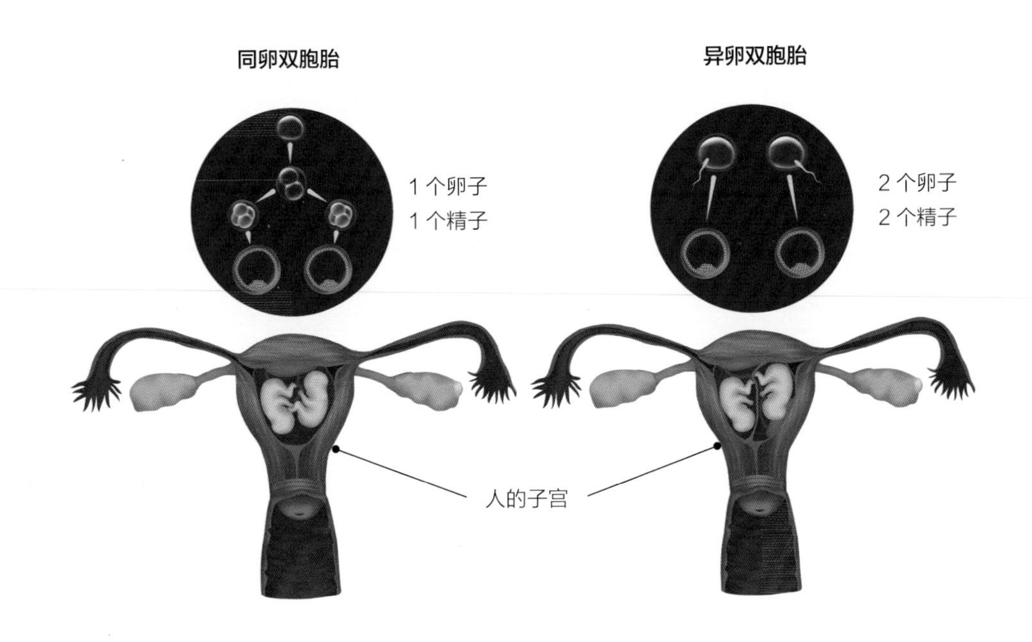

双胞胎是指胎生动物一次怀胎生下两个个体的情况。双胞胎一般可分为同卵双胞胎和异卵双胞胎两类。

同卵双胞胎是由同一个受精卵分裂而成的，形成两个胚胎（或多个）。由于它们来自同一个受精卵，接受完全一样的染色体和基因物质，因此它们的性别相同，外表看起来也极其相似，有时甚至连自己的父母都难以分辨。除了外形相似，同卵双胞胎的血型、智力，甚至某些生理特征、对疾病的易感性等都很一致。

异卵双胞胎是在受孕时存在两个卵子（或多个），它们分别和两个（或多个）精子结合，然后分别发育成独立的个体，长大后差异比较大，可能为同性也可能为异性。

这只猪崽有一个头和两个身子，它是同卵双生，但是没有分化完全。由于出现畸形，导致母体流产。自然界中的动物为了确保种族延续，每一个个体都能健康成长，有很多自然选择的手段，其中“流产”也是自然选择的一种方式。

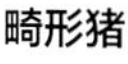
畸形猪

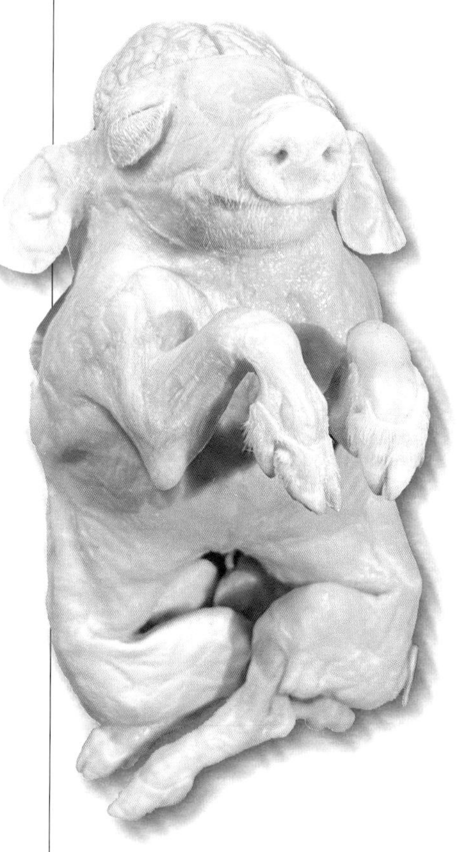

国家提倡优生优育，是希望在孕期的各种排查中能够及时发现胎儿的问题，减少畸形儿出生。优生优育不仅对孕妇、孩子非常重要，从长远来看，也与国家的繁荣昌盛和人们的优良遗传素质息息相关。如果新出生的一代都比较健康，那对社会的繁荣发展也有着积极意义。

2 同源器官

在比较解剖学中，不同脊椎动物的某些器官形状和大小相差甚远，功能也不尽相同。但这些器官的基本结构、各部分的关联顺序，以及胚胎发育的过程却彼此相同。

例如，猫的前肢用于奔跑，蝙蝠的翅膀用于飞翔，蛙的前肢用于跳跃，江豚的前肢用于游动。虽然外形和功能不相同，但它们有着相同的基本结构：内部骨骼都是由肱骨、桡骨、尺骨、腕骨、指骨组成的；各部分骨块位置和动物身体的相对位置相同，在胚胎发育时都是从相同的胚胎原基以相似的过程发育而来的。

它们的一致性说明：这些动物可能是从共同的祖先那里进化而来的。但由于这些动物在不同的环境中生活，为适应不同的功能，它们的器官向着不同的方向进化发展，因而产生了表面形态和作用上的分歧。

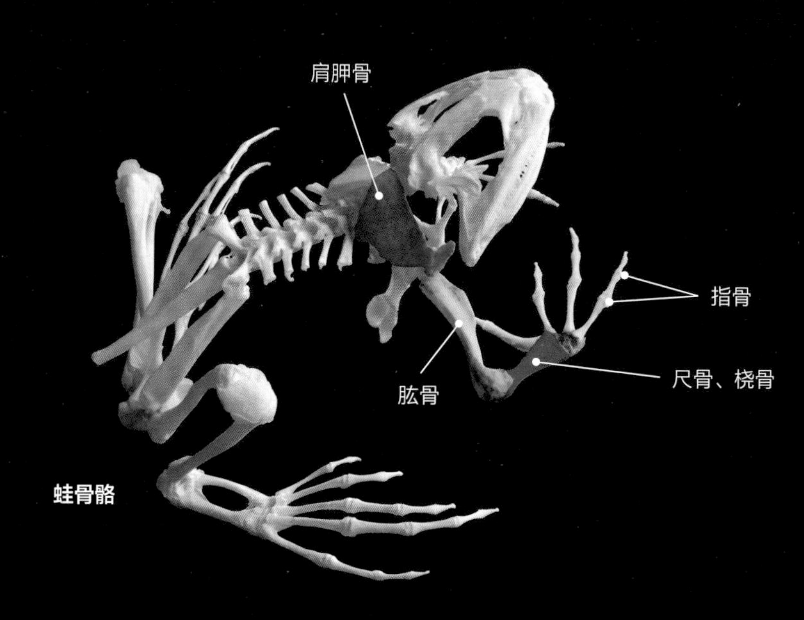

蛙骨骼

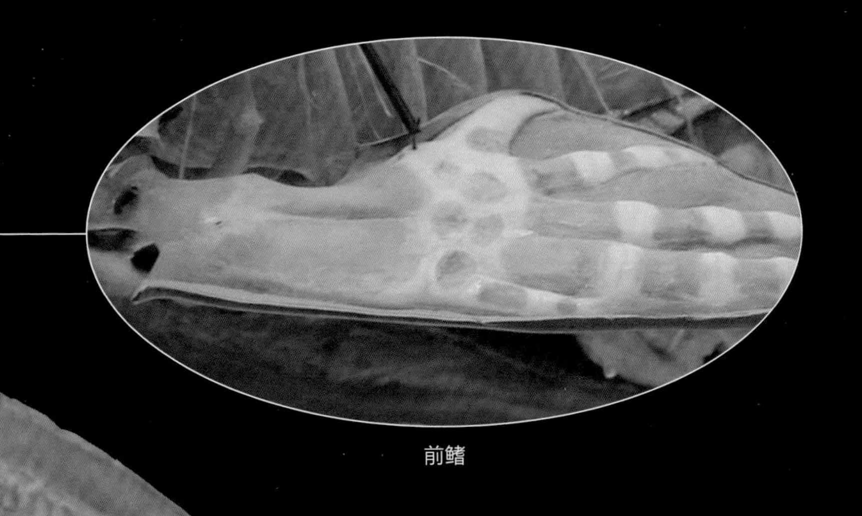

前鳍

怀孕江豚

拇指
尺骨、桡骨
掌骨
肩胛骨
食指
小指
中指
无名指

蝙蝠骨骼

猫骨骼

肩胛骨
肱骨
尺骨、桡骨
指骨

3 同功器官

在比较解剖学中，功能相同、来源和结构不同的器官叫同功器官。

鱼的鳃和鲸的肺都具有呼吸的功能，两者的基本结构和胚胎发育来源各不相同，两者为同功器官。

鱼类和鲸类尾鳍的作用都是提供游动的动力。鱼的尾鳍内有骨骼支撑，鲸类的尾鳍内没有骨骼，是由皮肤延伸扩展形成的，它们也是同功器官。

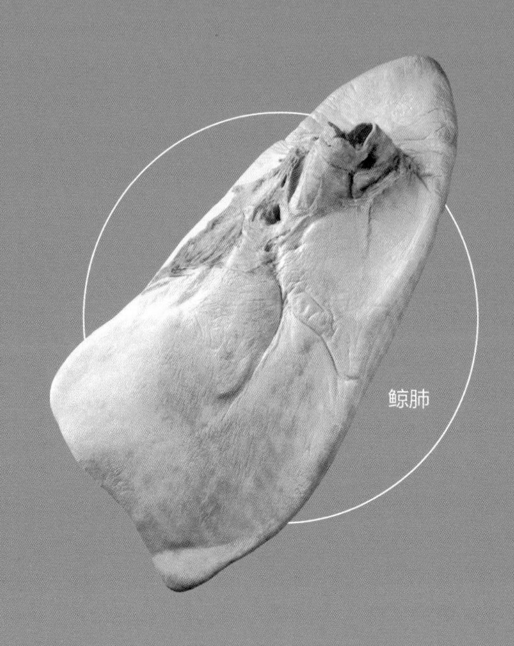

鸟类的羽翼和蜻蜓的翅膀也是同功器官。为了适应相同的飞翔环境，它们进化出内部构造不同，但外表相似、功能相同的飞行工具。

同功器官的存在表明：在进化的过程中，从不同祖先进化而来的动物，为了适应相似的环境条件，完成相同的功能，某些器官形态也会变得相似。

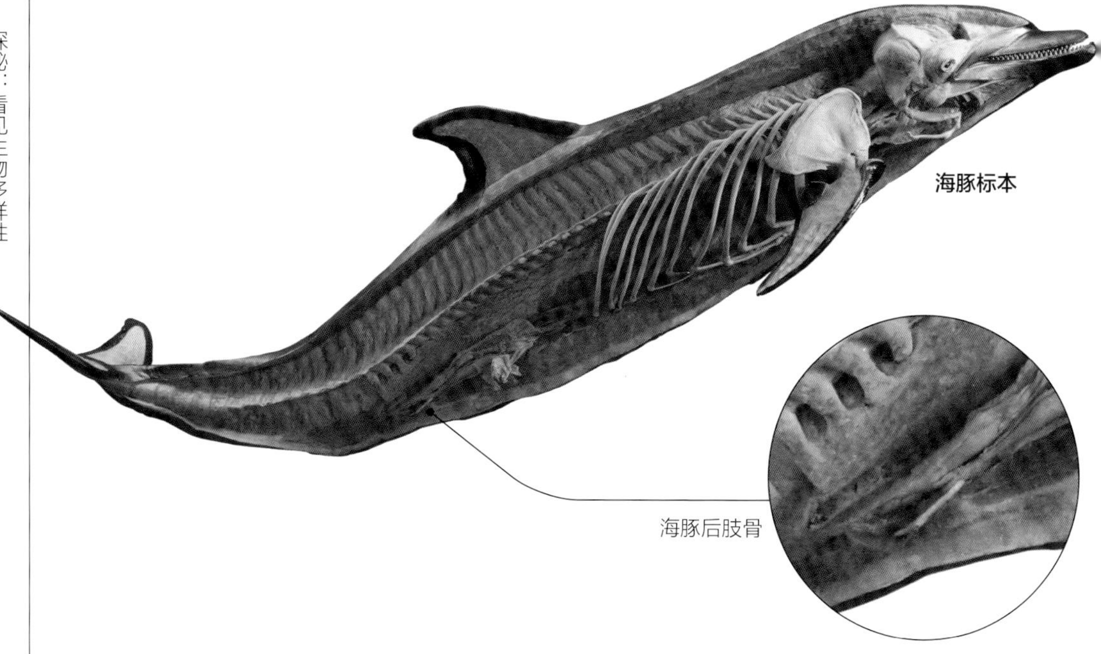

4 痕迹器官

在比较解剖学中，将动物体中形态和功能退化作用不大的器官称为“痕迹器官”。痕迹器官提供了生物进化的证据，有助于确定生物进化的途径。

作为哺乳动物的鲸类，它们的祖先有四条腿。在长期的进化过程中，前肢进化成鳍，而后肢功能丧失，逐渐退化，现在只剩一小块骨头，这块骨头就是痕迹器官。

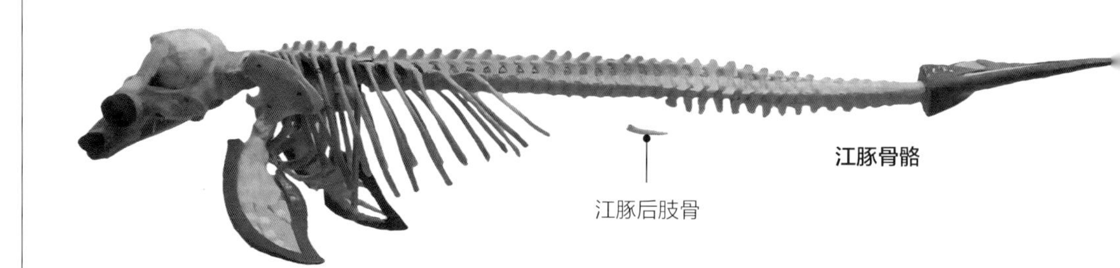

蛇的祖先像现在的蜥蜴类爬行动物一样用脚四处走动。由于生存环境和生活习性改变，蛇适应了匍匐穿行的生活方式，原有的四只脚逐渐变成累赘，退化为痕迹器官。在蟒蛇身体中仍可见它残留的后肢骨。

蛇残痕后肢

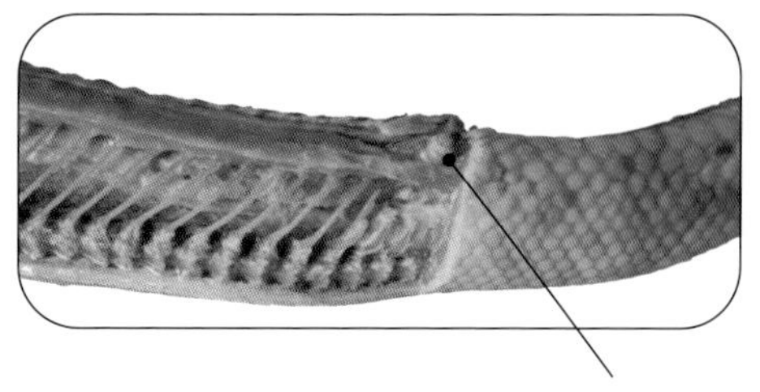
蛇残痕后肢

人类身上也能找到痕迹器官，毫无功能的男性乳头、经常给我们带来麻烦的阑尾和盲肠都是痕迹器官。由于遗传的力量，这些遗留物并没有完全消失，只是体积缩小了。

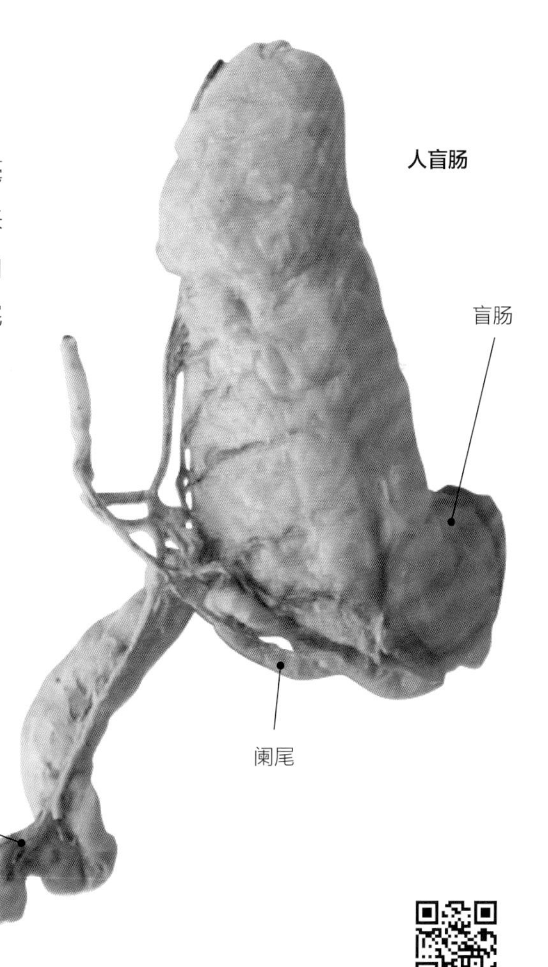

人盲肠

5 一口牙改变动物的一生

在脊椎动物的进化进程中，颌的出现是一个非常重要的形态发展和进步，给脊椎动物的生活方式带来了巨大改变。牙齿是伴随下颌出现的。动物可以用上下颌骨形成的嘴作为捕食工具，并通过牙齿进一步撕咬食物。颌的出现带动了动物的活动功能，促进嘴部运动器官及其他器官的进化发展，对于推动脊椎动物的进化起到非常大的作用。

动物最早的牙齿是从鱼类的牙齿发展而来的。尖尖的牙齿，最初的作用仅限于咬住，不让猎物跑掉。后期进化到哺乳动物，由于食性不同，牙齿开始出现分化，功能也发生很大的改变。脊椎动物的牙齿分为同型齿和异型齿，大部分脊椎动物牙齿的形态与功能无明显差异，大小相似，属于“同型齿”。而异型齿不只是形态与功能有明显的差异，齿形也出现分化，一般分为门齿、犬齿、前臼齿和臼齿，这类齿相被称为“异型齿”。

食草类的动物，门齿（切牙）可以把食物切断，它们不吃肉，无须撕扯，所以中间无犬齿（尖牙），后方的臼齿（磨牙）非常锋利，通过它们将食物磨碎，因此食草类动物的牙齿只有切牙和磨牙。

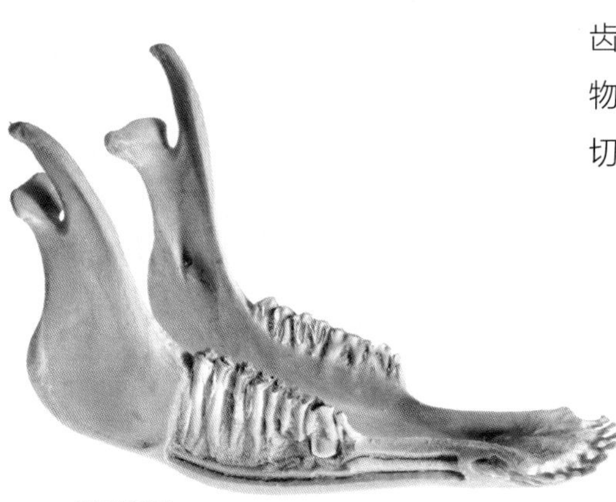

牛下颌骨

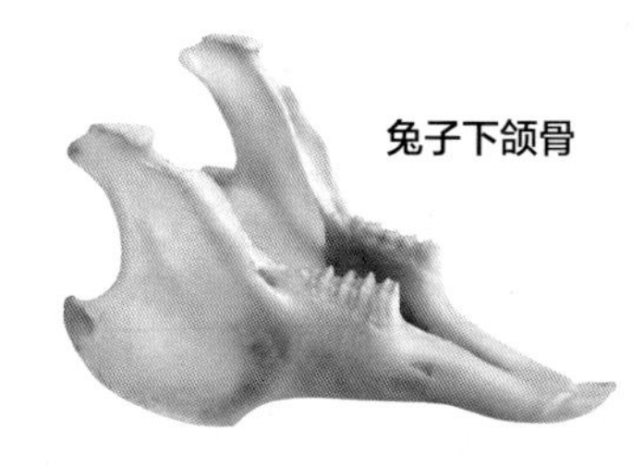

兔子下颌骨

食肉类动物进食时需要撕咬猎物，牙齿以犬齿为主，很尖，它的切牙和磨牙并不发达。

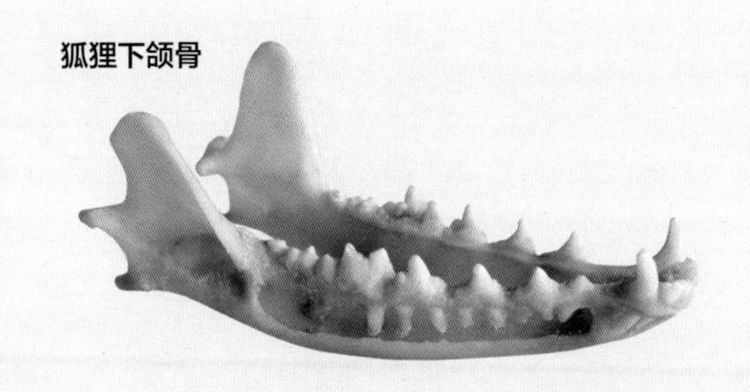
狐狸下颌骨

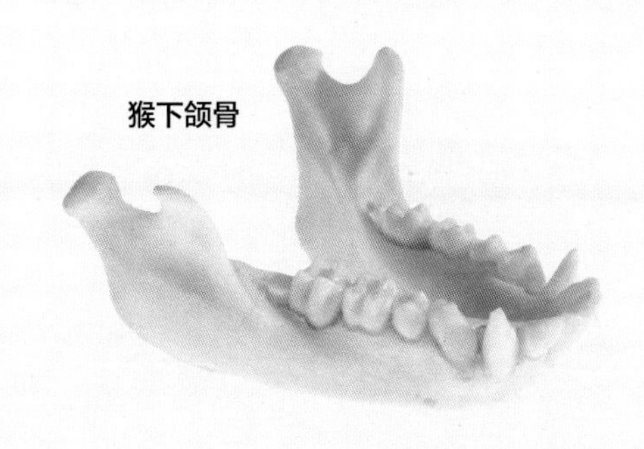
猴下颌骨

猴子是杂食性动物，它有切牙、尖牙和磨牙，可以适应素食和肉食两种食性的需求。只有哺乳动物的牙齿才有这种分化。所以从考古学的角度，根据动物的门齿、犬齿和臼齿来区分它是否为哺乳动物。哺乳动物的牙齿可以分化为不同功能，而爬行动物没有这个划分。

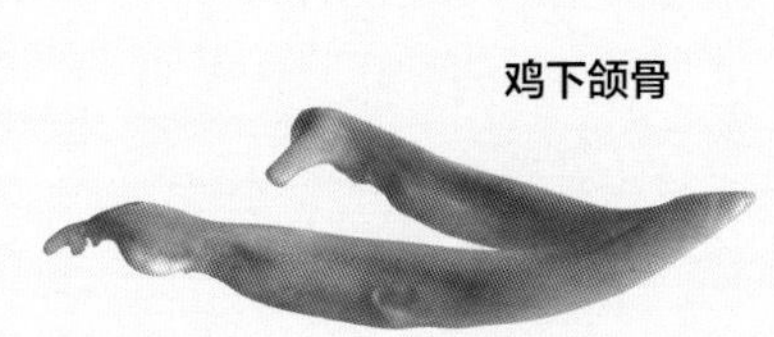
鸡下颌骨

鸡是鸟类，鸟类的下颌骨已经退化，并没有牙齿。退化是为了减轻重量，从而有利于飞翔。

谁偷了鸟类的牙齿?

鸟类的祖先是恐龙类爬行动物，恐龙类爬行动物普遍有牙齿，最初鸟类也是有牙齿的。在长期的进化过程中，鸟类发育退化，牙齿消失，取而代之的是角质喙。目前所发现的第一只没有牙齿的鸟类，是 1993 年出土

于辽宁北票的孔子鸟类。根据土地层推算，孔子鸟类生活在距今约 1.25 亿年的晚侏罗纪至早白垩纪时期。

现存鸟类都是没有牙齿的，它们的嘴有一个专门的名称，叫“喙”。其中一部分鸟类，如雁鸭在喙的两侧边缘有锯齿或栉状突，这是由表层角质结构组成的，不是真正的牙齿。

鸟类牙齿的进一步退化，使它不再需要强大的颌和肌肉，有助于减轻鸟类头部的重量，利于飞行。栖息在不同生活环境中的鸟类，由于食物不同，喙的形态也随之而变化。鹰有钩状的喙，能够撕咬兔子；鹭有钳状的喙，能够钳住滑溜溜的鱼儿。不断的进化是为了适应生活环境以便更好地生存，捕获更多的食物。

由于牙齿退化，鸟类进化出特殊的消化系统。许多鸟类在食管的中部或下部藏有一个嗉囊，位于食管的后段，这是暂时贮存食物的膨大结构。食物在嗉囊里经过润湿和软化后，被送入前胃和砂囊，利于消化。有些鸟类会通过吃石子的方式帮助消化。石子进入胃中，通过挤压将食物研磨粉碎，起到消化的作用，如常见的小鸡啄石子。鸡是数量最多的鸟类，据统计，全世界鸡的数量是人口数量的 6 倍。

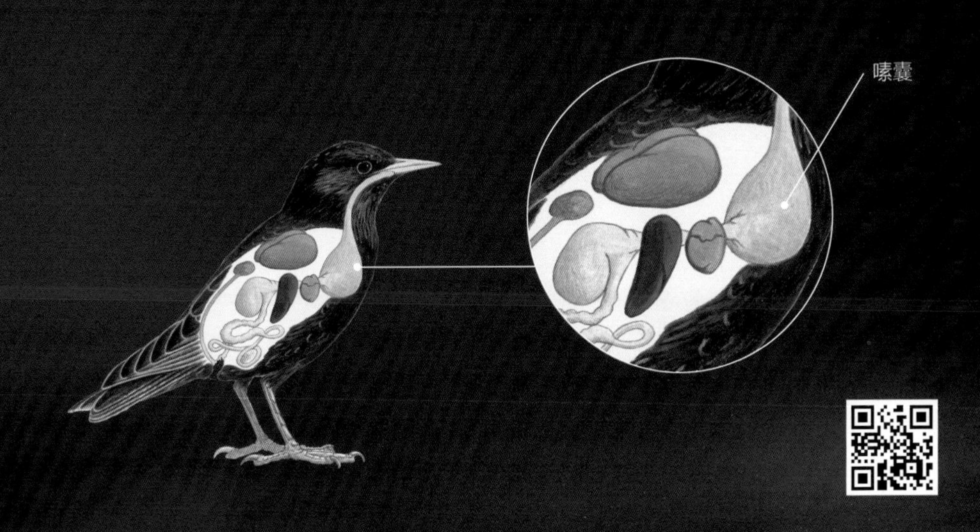

鲨鱼牙的使用期限很短暂

鲨鱼的牙齿结构比较特殊，撕咬猎物能力强。它有很多排牙齿，一般为 5 ~ 6 排，一旦最外一排牙齿脱落，里面的一排牙齿会向前移动，像齿轮一样不断翻滚更换。真正发挥功能的是最外层的一排牙齿，内侧的一排排牙齿留作备用。

鲨鱼牙通过韧带和下颌骨相连，没有牙槽，所以鲨鱼的牙齿和下颌骨连接非常稀疏、不牢固、易脱落。大部分鲨鱼每 6 ~ 8 天就会更换一次牙齿。

鲨鱼牙齿的边缘布满锋利的锯齿，可以轻易咬断猎物的身体，令人非常恐惧。

6 一根骨头看动物的习性

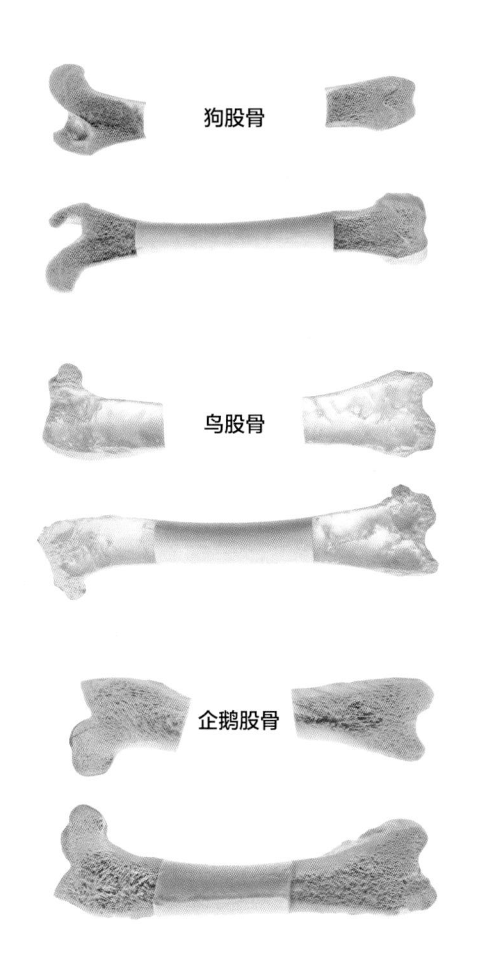

骨是由骨密质、骨松质、骨髓腔组成的。

狗的股骨外层是骨密质，内部是骨松质。骨密质强度非常大，可以起到强有力的支撑作用。骨中间是中空的，形成骨髓腔。这种空心的管状结构既可以减轻骨的重量，又可以增加其支撑体重的强度。

会飞的鸟类，其身体密度非常小，它的骨质非常薄和轻，更适用于飞翔。

企鹅属于鸟类。但企鹅潜水不飞行，下海却不上天。企鹅的股骨骨密质明显增加，骨质变得比较重。与能飞的鸟类相比，企鹅体重非常大，更适合潜水。

通过观察骨头看到的变化，可以了解动物生活习性上的差异。不同的动物，其骨骼结构会因适应生活环境而发生相应的变化，这也是生物多样性产生的原因。

7 偶蹄目食草动物的共性

食草动物的蹄子有的只有一瓣或单数瓣，常见的马就是奇蹄目食草动物；有的有两瓣或偶数瓣，如牛、羊、鹿等就是偶蹄目食草动物。

在内部结构上，偶蹄目食草动物有哪些共同特点呢?

偶蹄目食草动物的牙齿很特殊，如牛的口腔后方有很多磨牙。只有下切牙而没有上切牙，这是偶蹄目食草动物的牙齿共性。

反刍亚目食草动物都有四个胃，分别是瘤胃、网胃、瓣胃和皱胃。牛的瘤胃和网胃是火锅中的毛肚和金钱肚，瓣胃则是百叶。在这四个胃当中，只有皱胃是“真正的胃”，而其他几个胃则是食管膨大，由于其他功能退化而形成的。

除此之外，偶蹄目食草动物大多有一个共同的生理特点：吃完食物之后会进行反刍——也就是闲下来的时候嘴还在不停地嚼动。大家比较熟知的是牛和羊。牛要对食物进行两次咀嚼，一次是在摄取食物时，另一次是在食物已经半发酵之后。在瘤胃和网胃当中，食物主要是通过细菌进行发酵的。这里的食物可以通过食管返回到口腔当中，然后再进行细致的咀嚼，这个过程叫作“反刍”。

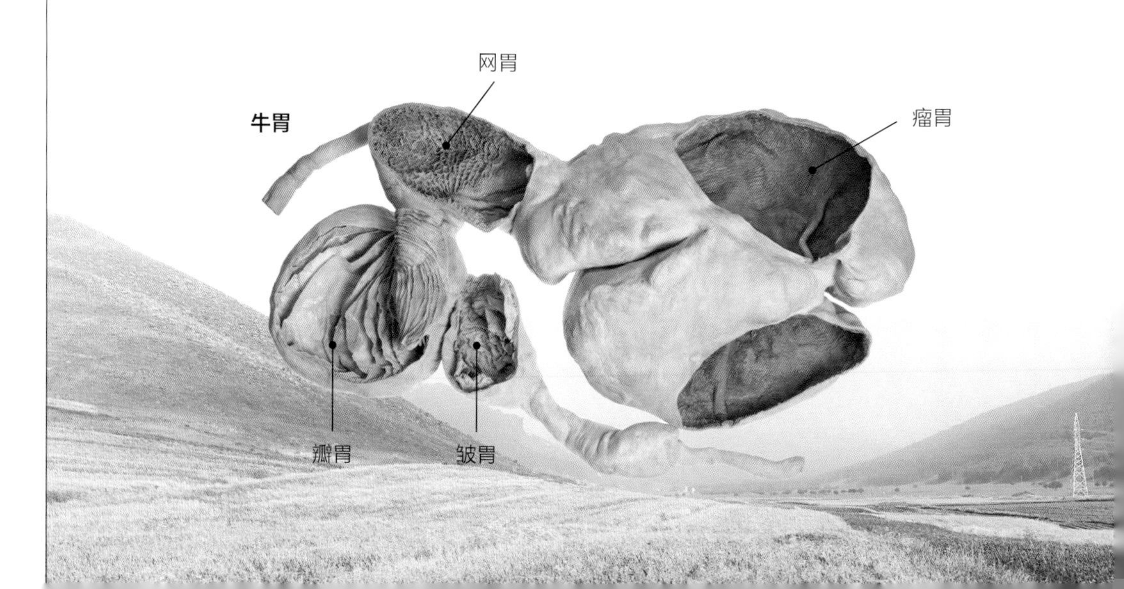

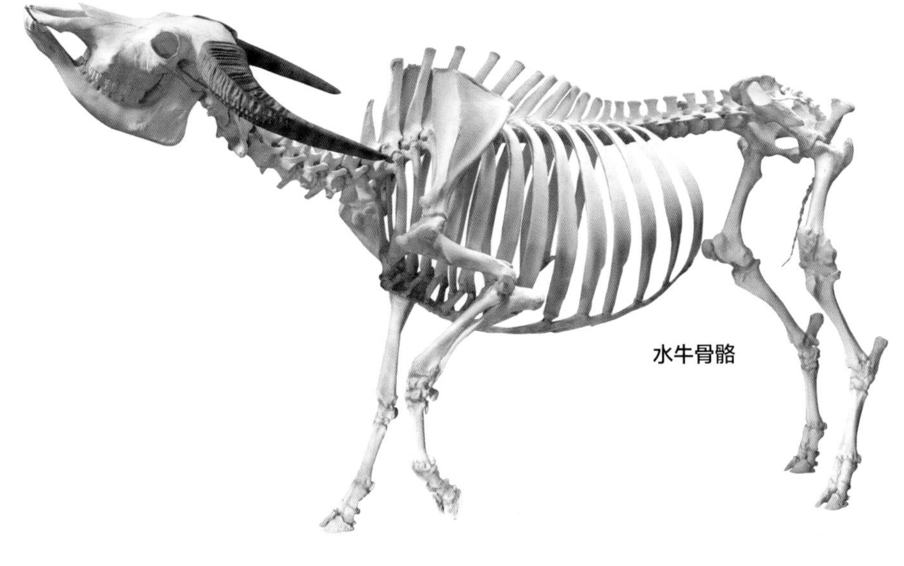
水牛骨骼

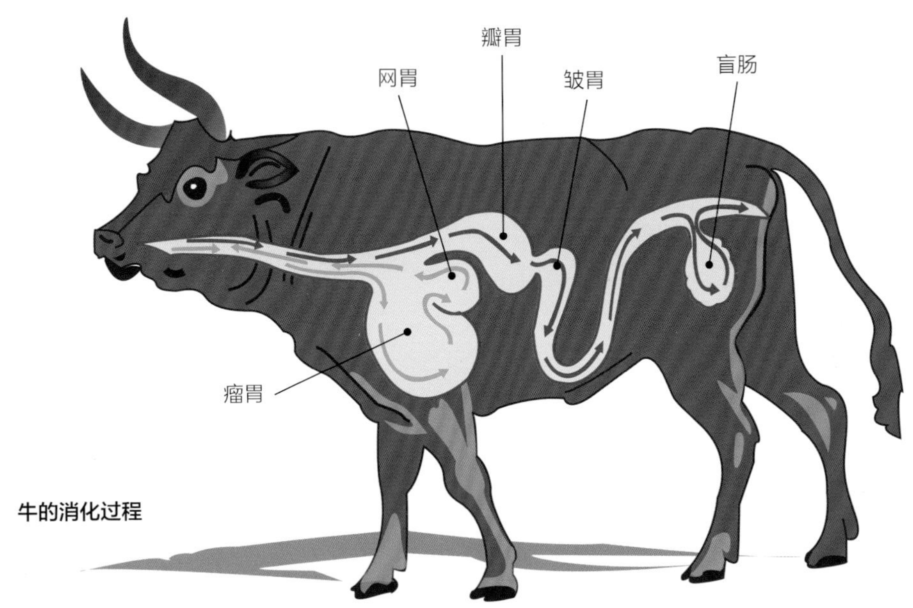

牛的消化过程

8 下颌骨与咬肌很强大

下颌骨是由下颌支、下颌体、下颌角三部分组成的。下颌支是供咬肌附着的部位。咬肌是非常重要的咀嚼肌，通过咬肌收缩，上下颌可以靠近、接触，进行咀嚼。

哺乳动物由于食性的关系，对咀嚼的需求不同，它们下颌骨的形态也发生了很大的变化。

食草动物对咀嚼的要求高，咀嚼需要很长时间，所以下颌骨形态变得更大，下颌支供咬肌附着的面积更宽，因而咬肌变得更加发达。对食肉动物来说，它们的咀嚼要求低，所以它们的下颌支非常小，咬肌也没有草食动物发达。

蛇的嘴巴那么大，不怕脱臼吗？

我们常常很好奇，蟒蛇的头很小，为什么能吃下比自己的头大几倍的动

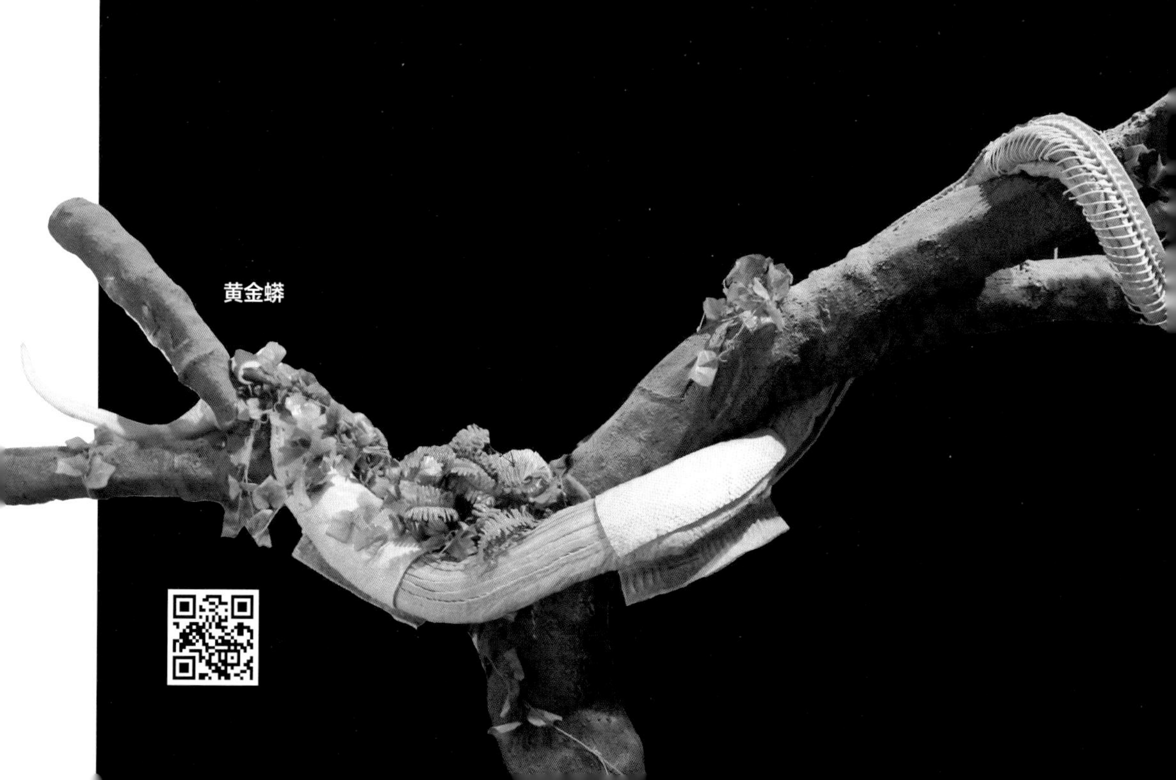

黄金蟒

物呢？其实是由蟒蛇的下颌骨结构所决定的。

蟒蛇的下颌骨中间通过韧带连接，可以左右拉伸。同时，蟒蛇的颞下颌关节之间也是通过韧带相连的，可以上下拉伸。这就是蟒蛇可以吃下比它身体大很多倍的动物，下巴却不会脱臼的原因。

蟒蛇在吃大型动物时需要很长时间，但为什么它不会窒息呢？蟒蛇的食管和气管在喉结处是分开生长的，当蟒蛇吞下猎物时，嘴里的猎物会推动空腔底部的气管向前延伸，边吃食物边正常呼吸，所以不会发生窒息的现象。

蛇既是爬行动物也是冷血动物，它的身体温度取决于环境温度。它对能量的需求比哺乳动物（恒温动物）小得多。因此，蛇只需要少许的食物就足够了。例如，蟒蛇一年只吃一只兔子就可以存活，若吃两只兔子就可以繁殖；蝮蛇一年只吃一只鸟就可以存活。

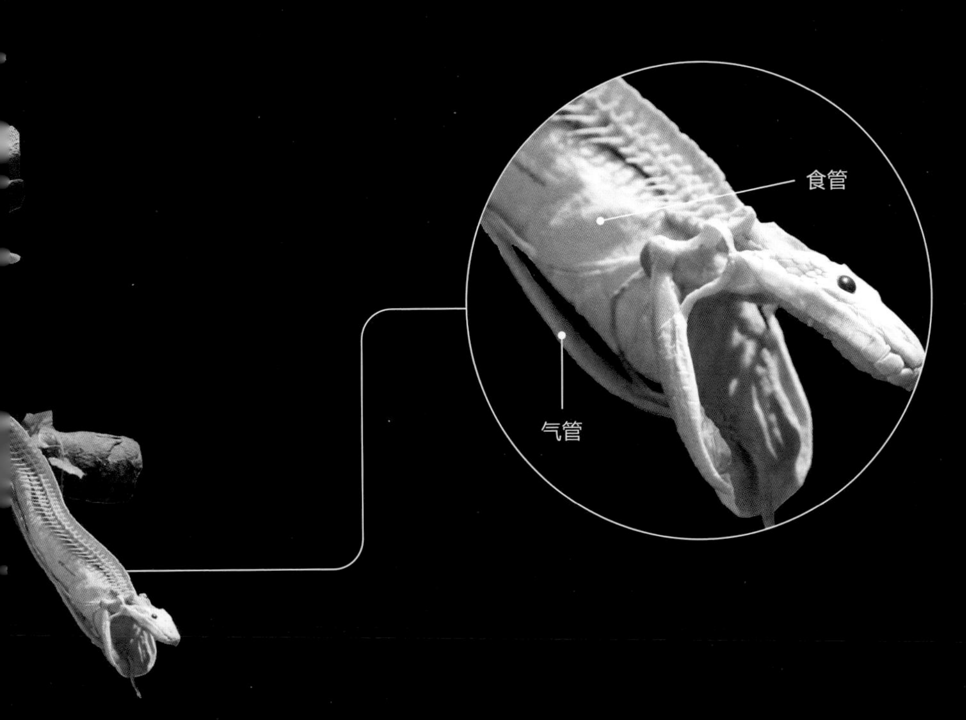

鳄鱼咬肌

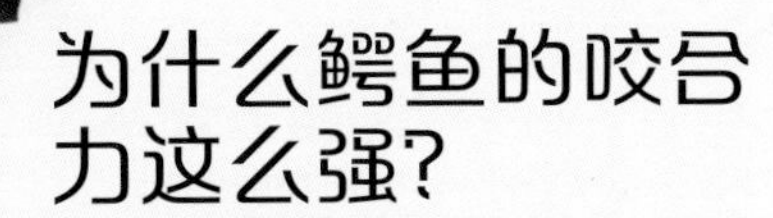

为什么鳄鱼的咬合力这么强?

动物需要能量进行活动，能量的主要获得方式是进食，如何进食也是生物进化过程中的一个动力。这其中，鳄鱼的进食风格独树一帜。

大部分动物通过上下颌骨的咀嚼活动把食物咬下来，而鳄鱼通过身体的旋转、摇摆将食物撕裂，这被称为“死亡旋转”。鳄鱼的咬合力很强，肌肉非常发达，特别是它的头部两侧有巨大的咬肌及颈部肌肉，这便于它有足够的力量去捕食一些大型动物。

人类的咬合力每平方厘米只有 8 千克，大白鲨的每平方厘米可以达到 42 千克。鳄鱼的咬合力是最大的，每平方厘米达到 176 千克，是大白鲨咬合力的 4 倍，是人类咬合力的 22 倍。

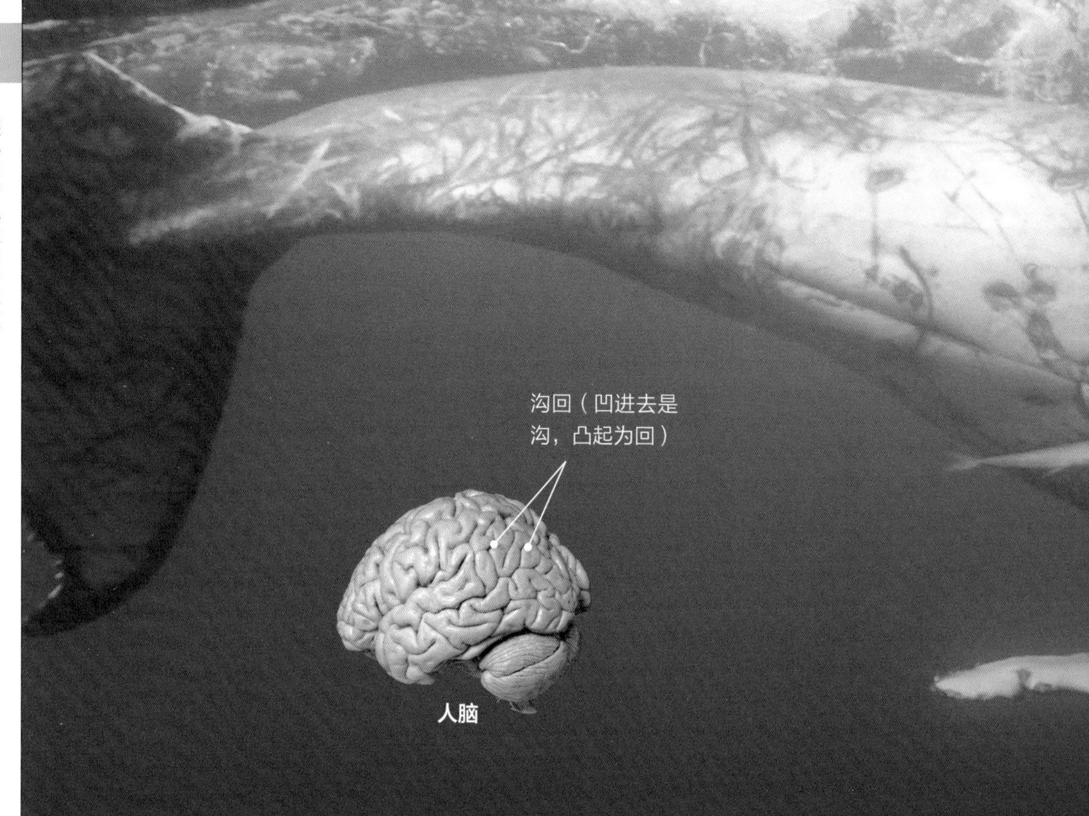

人脑

9　最强大脑花落谁家？

鲸的大脑体积可达到 8000 立方厘米，而人类的大脑体积只有 1300 立方厘米。通常来说大脑越大，动物越聪明，那么鲸比人类更聪明吗？判断动物的聪明程度要从三个方面考虑：一是看脑自身大小，二是看脑表面“沟”和“回”的复杂程度，三是看脑重和体重的比值。

人的体重通常在 60 ～ 70 千克，而人脑的重量在 1.5 千克左右。小须鲸的重量约为 3 吨，脑重约 3 千克。比较起来，小须鲸的脑重和体重的比值要远远低于人的，所以人比鲸更聪明。

还有，脑指数的值越低，智慧程度越低；值越高，智慧程度越高。人类的脑指数值是最高的，所以人类最聪明。

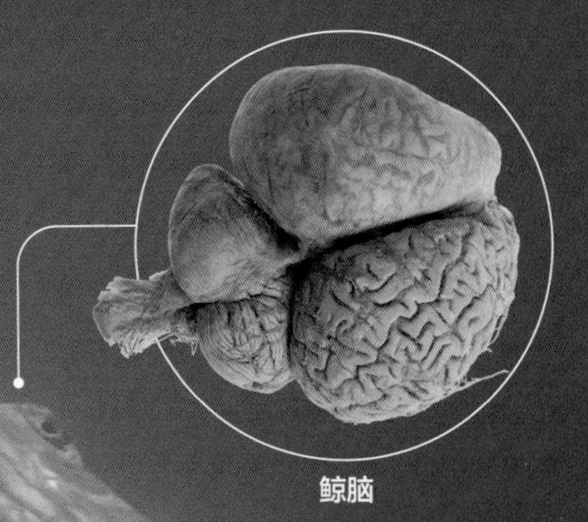
鲸脑

脑指数

从进化的角度看，动物发展得越高级，其脑重与体重的比值就越高。在生物学中，相比于简单的测量动物的脑重或脑重与体重的比值，用“脑指数”（EQ）来衡量哺乳动物的智商更为准确。所谓脑指数是指动物脑的实际大小与预期脑的大小的比值。预期脑的大小作为一个参照点，这个参照点是哺乳动物脑重与体重的平均比值，其数值与猫的比值相近，因此将这个平均值设定为1。不同动物的脑指数需要同猫的脑重与体重做比较而得出。例如，该动物的脑重是猫的2倍，体重与猫相同，脑指数就是2，以此类推。脑指数值越高，说明进化程度越高。

物种	脑指数（EQ）
人	7.4~7.8
宽吻海豚	4.14
虎鲸	2.57~3.3
黑猩猩属	2.2~2.5
普通猕猴	2.1
象	1.13~2.36
须鲸	1.8
抹香鲸	0.56~1.2
狗	1.2
猫	1.00
马	0.92
羊	0.8
兔	0.4

物 种	脑重（千克）	体重（千克）	（脑重/体重）× 100
宽吻海豚	1.6	154	1.038
抹香鲸	7.82	33596	0.023
须鲸	6.93	81720	0.008
人	1.5	64	2.344

人脑底面观

狗脑底面观

10 动物们的“超能嗅”

嗅觉可以远距离感受化学刺激，在觅食、择偶和警戒时能发挥重要作用。嗅觉产生的内在生理基础是嗅球，嗅球位于脊椎动物的前脑结构中。

在人脑的下面，可以看到火柴头大小的嗅球。相比人类，狗、马、猪、羊等动物的嗅球较大，嗅觉灵敏。主要原因是人类多在白天活动，鼻子已经退化，而其他哺乳动物大部分都是在夜间活动的，它们必须具有敏锐的嗅觉。

狗的嗅觉灵敏度比人高出 40 倍以上，可以分析空气中的微细气味，即便在 500 千克水中溶入 1 小匙食盐，

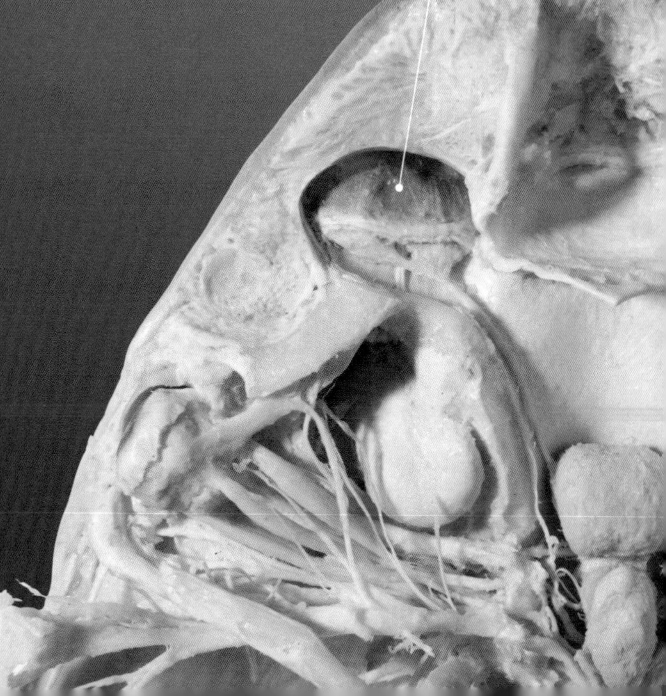

狗也能嗅出。

鲨鱼的嗅球很大，这正是鲨鱼良好嗅觉的基础。良好的嗅觉可以让鲨鱼在距离食物几千米远的地方就感知到食物的存在。

11 为什么食草动物的眼睛在两侧，而食肉动物的眼睛在前方？

食草动物的眼睛长在两侧，通过一侧眼睛看到的是二维世界，很难估算距离。对于食草动物而言，眼睛的灵敏度比精准度更重要。为了灵敏度，它们在一定程度上牺牲了精准度。食草动物不是要看清楚，而是要“看见”，这能及早地发现危险并抓紧时间快速躲避危险。食草动物的眼睛长在两侧，这样有非常宽广的视野，可以看到整个地平线。当发现危险时，食草动物不需要看清，一旦看到影子，就会尽快跑起来。毕竟跑错了只是多费点力气，比失去生命的损失要小很多。

梅花鹿

食肉动物在捕食中需要定位非常精准，这样可以准确判断距离，判断如何捕捉猎物。它们的两只眼睛都面向前方，即使无法看到身后的物体，但只要有非常好的正前方视野，视觉分辨率就能提高。预测距离对于食肉动物的捕猎来说非常重要，老虎会在动物进入其狩猎范围的时候发起捕猎行为。如果判断距离猎物太远、无法捕捉的时候，它们也愿意偷点懒睡一觉，哪怕是感到有点饥饿的时候。

司机开车也是同样的道理。很多时候司机发现危险，并不是看清楚之后踩刹车，而是看到影子就直接本能地踩住刹车。看清楚之后再踩刹车，很可能已经来不及了。

从这个角度，可以理解为什么食草动物的眼睛往往长在两边，而食肉动物的眼睛往往长在前面。

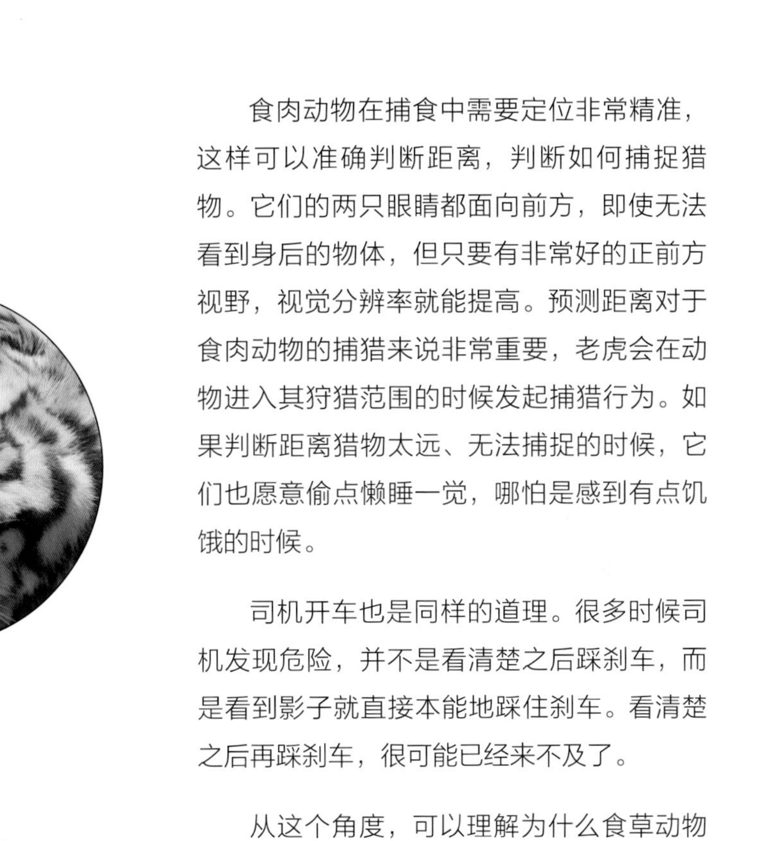

东北虎

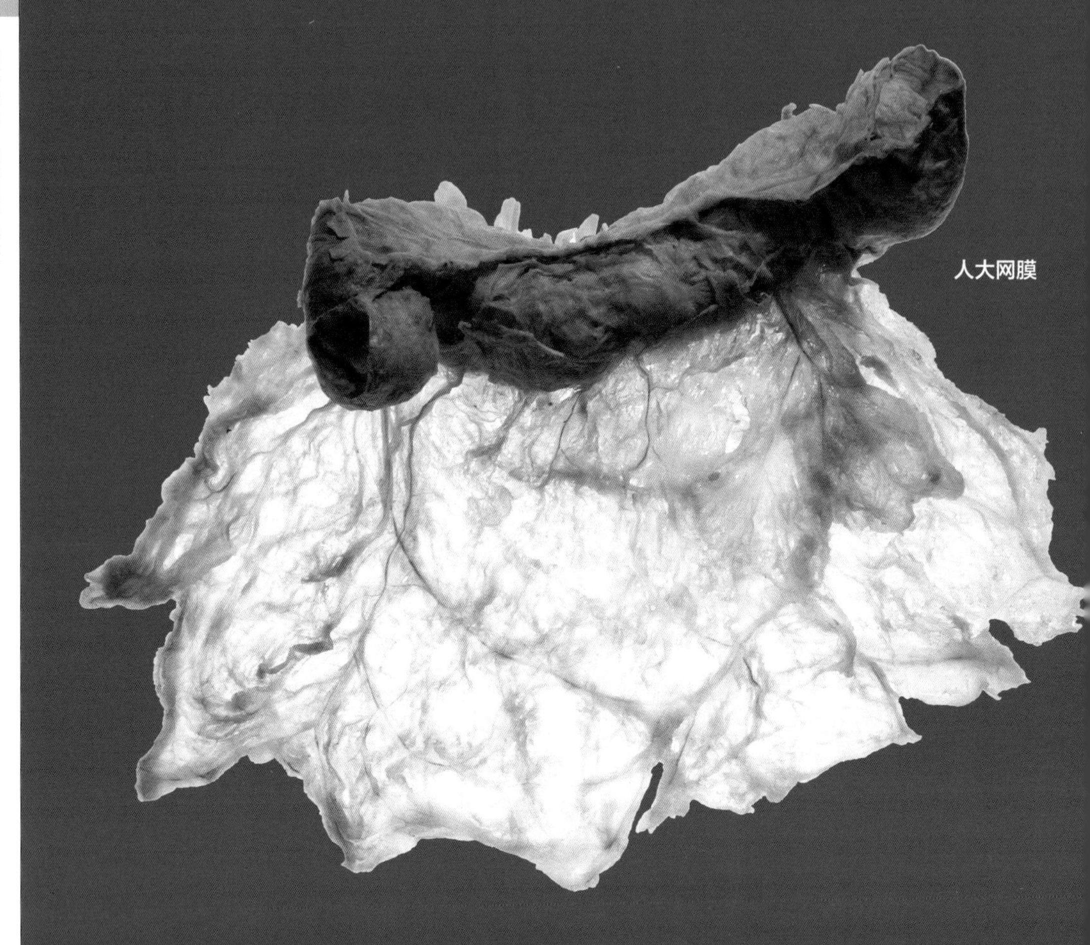
人大网膜

12 动物的大网膜

在腹腔内有一个保护肠道的器官叫作“大网膜”。大网膜不仅有较强的吸收、保护、防御功能，也有强大的修复能力：通过包裹、吞噬、吸收作用，消除外来的有害物质，起到保护作用。

人的大网膜包裹人体的肠道，大网膜组织内含有吞噬细胞，有重要的防御功能。当腹腔器官发生炎症时，大网膜的游离部向病灶处移动，并包裹病灶以限制其蔓延。生活中一些肚子肥胖的人，由于其腹部脂肪囤积较多，使大网膜增厚，形成啤酒肚。

鲸的大网膜，包裹鲸所有的肠道，像一张大的渔网，连接鲸的腹膜结构，保护鲸的腹部脏器。

猪的大网膜，有较强的吸收功能，上面会附着很多脂肪。买猪肉时，人们喜欢买的“板油”就是猪的大网膜。“板油”中含有多种脂肪酸，饱和脂肪酸和不饱和脂肪酸含量相当，能提供极高的能量，并且含有较多的维生素 A、维生素 E。

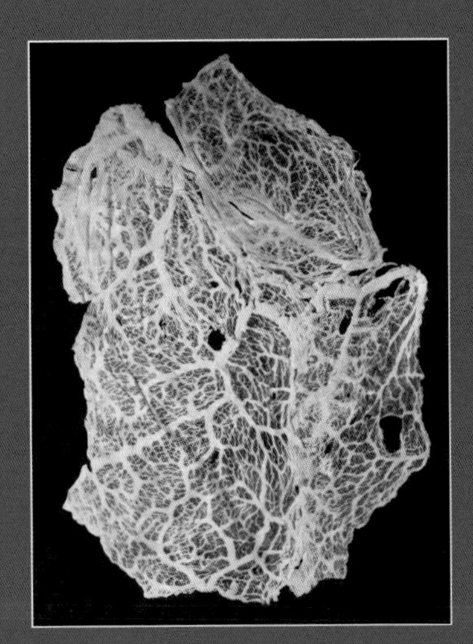

猪大网膜

鲸大网膜

13 动物的红白肌

动物骨骼肌的肌肉分为红肌（慢肌）和白肌（快肌）。红肌对缺氧的耐受性强，可以长期收缩运动，但爆发力弱；白肌的爆发力强，可以瞬间加速运动，但耐受性弱，不能持久。

鱼一般用很小的红肌来游动。当受到惊吓时，它们能在短时间内加速离开危险地带，得力于全身白肌的快速收缩运动。

人体也有红肌和白肌，不像鱼那样彼此分开，而是混合分布在每一块肌肉中。有的人适合长跑是由于红肌纤维多，耐受性好；有的人适合短跑是由于白肌纤维多，爆发力强。

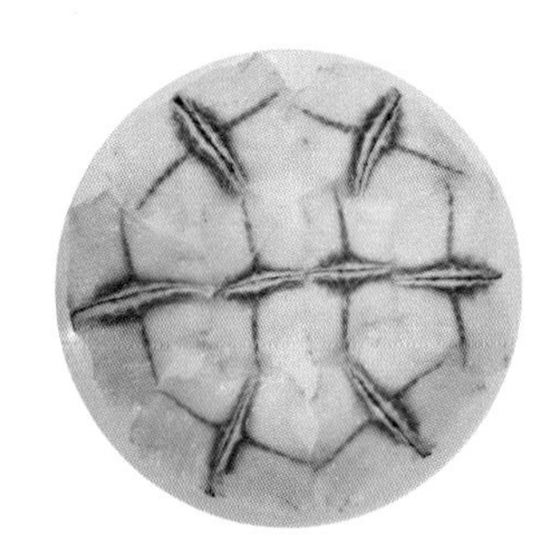

斑鱼的红肌和白肌

橙斑刺尾鱼肌肉

14 不一样的脚

“猫爪”“马蹄”“熊掌”，脚的叫法各式各样。脚的称呼取决于脚的形状。

想要了解不一样的脚，就要了解骨骼结构。以人的脚为例，人的足部骨骼大致可以分三个部分：趾骨——脚趾里的骨头、跖骨——脚面和脚掌里的骨头、跗骨——足跟和脚腕里的骨头。

手掌骨骼是指骨、掌骨和腕骨。换成四肢着地行走的动物也是一样的，前足骨骼为指骨、掌骨和腕骨，后足骨骼为趾骨、跖骨和跗骨。

在陆生哺乳动物中，动物的四肢在行走步态上的表现大相径庭。根据行走方式，将动物分为跖行、趾行和蹄行动物。

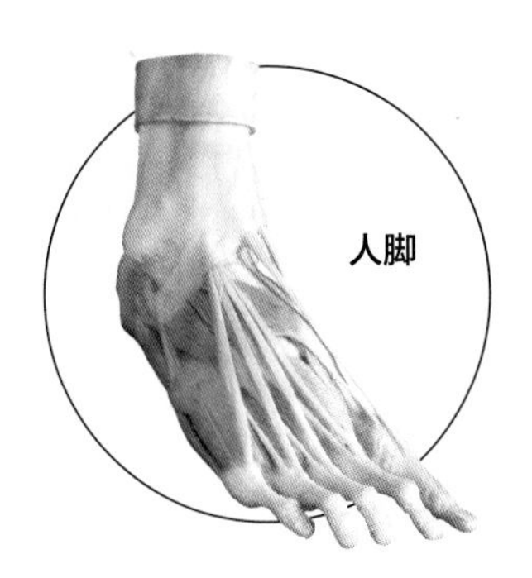

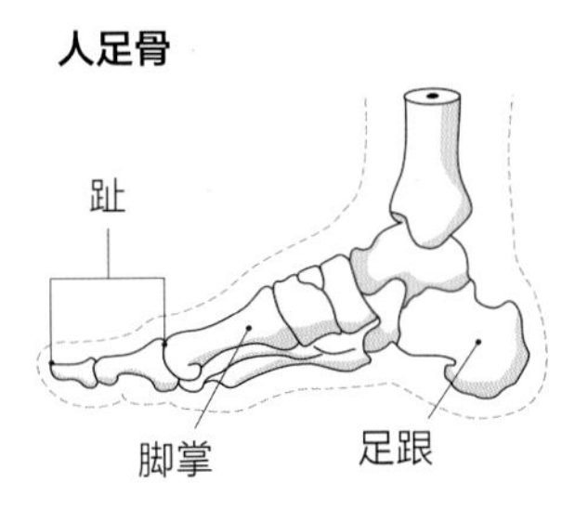

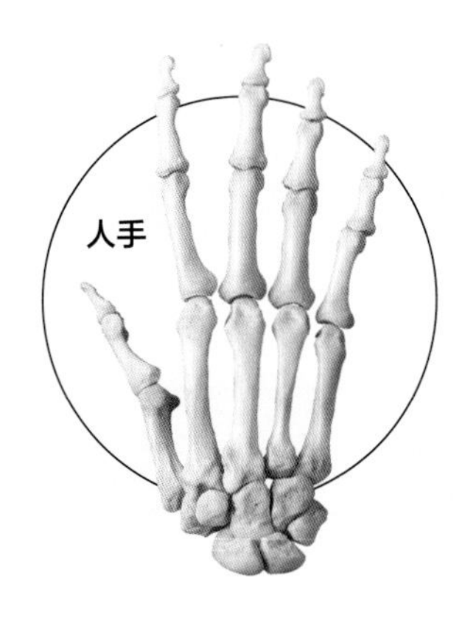

当脚踩在地上的时候，从脚趾到足跟都是平放在地面上的。往前行走时先抬起足跟，落地时则是足跟先接触地面，最后整个脚掌再平踩到地上，这种行走方式就是“跖行”。代表物种是灵长目动物、熊科动物、有袋类动物等。

趾行的行走方式是只靠趾骨。趾行动物的跖骨和跗骨是竖起来的，除非趴在地上或蹲坐在地上，否则它们的跖骨和跗骨不与地面接触——其实就是用手指和脚趾着地。代表物种就是猫科动物、犬科动物。

如果说动物趾行是在一定程度上强化了自身的爆发力和短时间内快速奔跑的能力，那么动物蹄行则是为了强化自身耐力和提升奔跑速度。从骨骼方面来说，蹄行动物的行走方式更加特别，连趾骨都不再着地，而是趾甲着地。正因如此，蹄行动物的趾甲在进化过程中逐渐变得坚固而宽厚，也就是蹄子。长颈鹿就是典型的蹄行动物，因为长颈鹿踮着脚尖走路，也被称为草原上“舞动的芭蕾”。

人类模仿动物走路，自然就理解了跖行、趾行和蹄行的区别。

跖行

趾行

蹄行

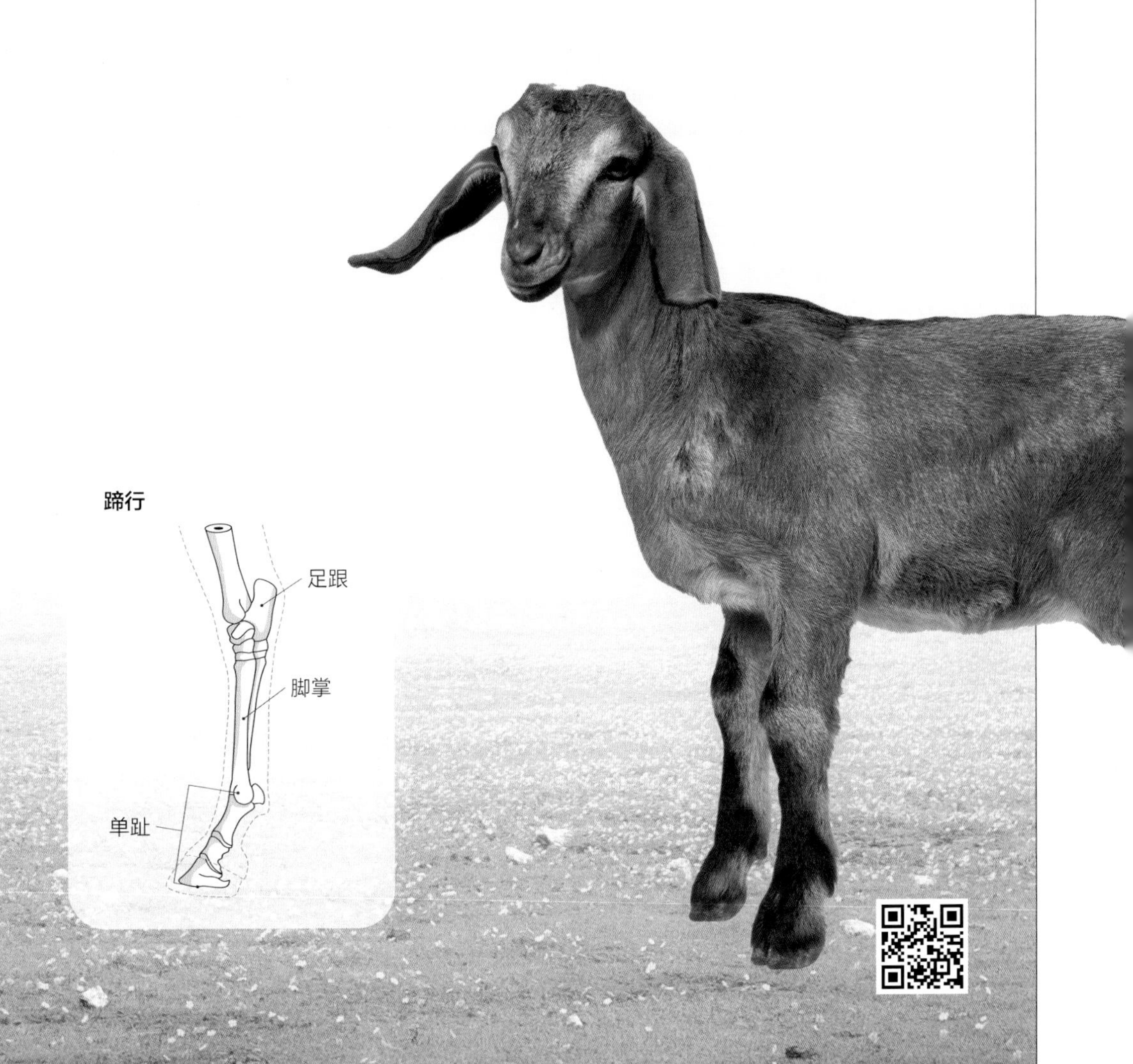

15 脊髓，你为什么那么突出？

人颈膨大

神经系统遍布全身，在机体内起主导作用。一方面控制和调节各器官、系统的活动，另一方面对外界的刺激做出相应的反应。

神经系统由脑、脊髓和神经构成。脑是思想活动的总司令。脊髓呈前后稍扁的圆柱体，位于椎管内。成年人的脊髓长度为41 ~ 45 厘米。神经呈纤维状，动物能感受到气味、痛觉等都是神经的作用。

需要四肢活动的动物，其脊髓上下粗细并不是完全一样的。以天鹅举例，脊髓从上到下的粗细并不一致，某些部位脊髓更粗壮，这主要是与四肢活动有关。由于支配四肢活动的需

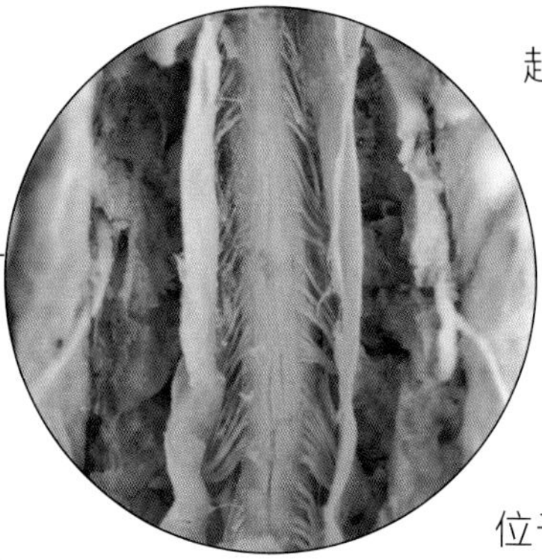

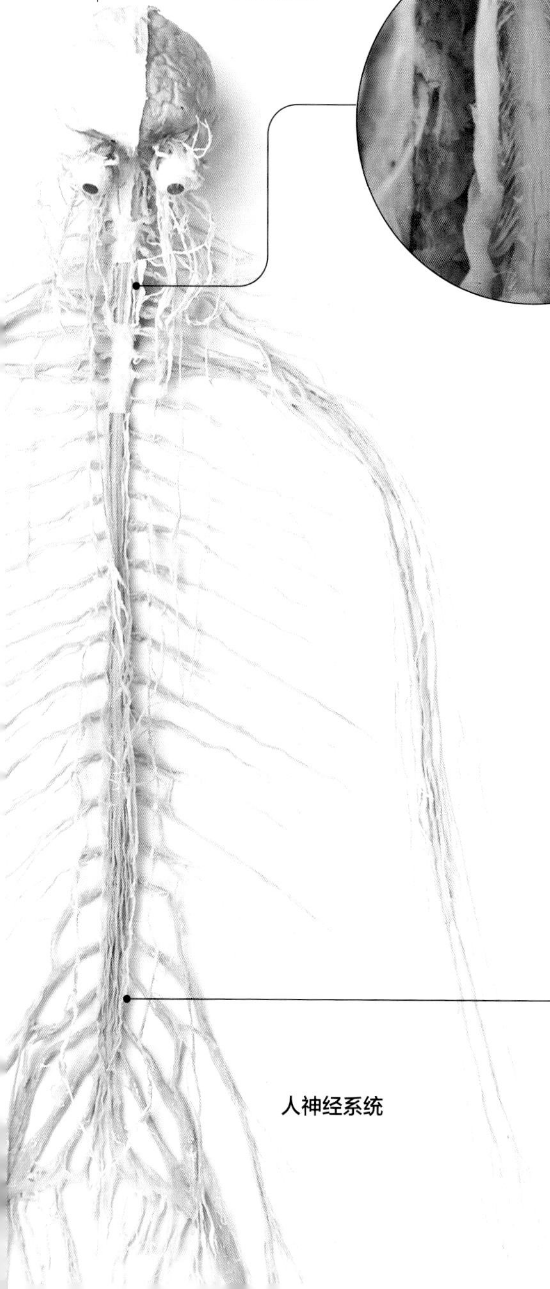

人腰骶膨大

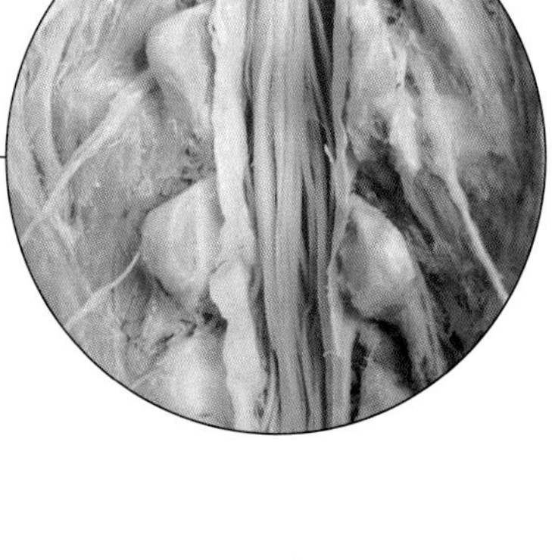

人神经系统

要，相应部位的神经元数量会增多，导致脊髓膨大。脊髓因控制前肢活动发生膨大的部位称为“颈膨大”，而与控制后肢活动相关的膨大称为“腰骶膨大”。

人的脊髓也同样有两处膨大。颈膨大的位置在 C_4 ~ T_1，C_6 最粗。颈膨大与上肢的劳动活动有关。腰骶膨大位于 T_{12} ~ L_3，与下肢的功能有关，如果这里发生病变，会影响下肢功能。

前肢发达的动物其颈膨大明显，后肢粗壮的动物则腰骶膨大显著。如长臂猿由于前肢发达，颈膨大就更明显。袋鼠有强壮的后肢，善于跳跃，其腰骶膨大就特别粗壮。

天鹅颈膨大

天鹅神经系统

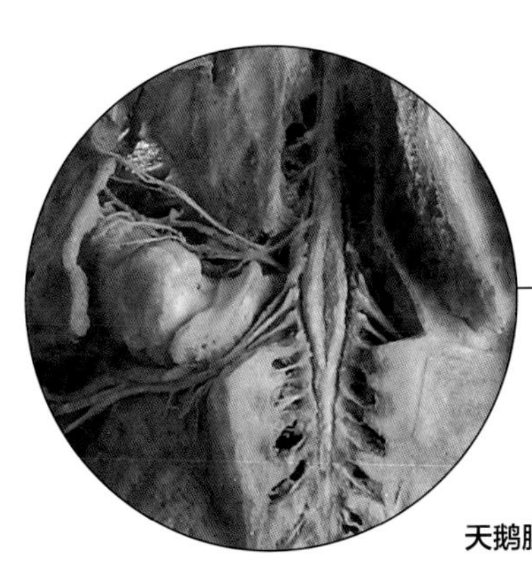

天鹅腰骶膨大

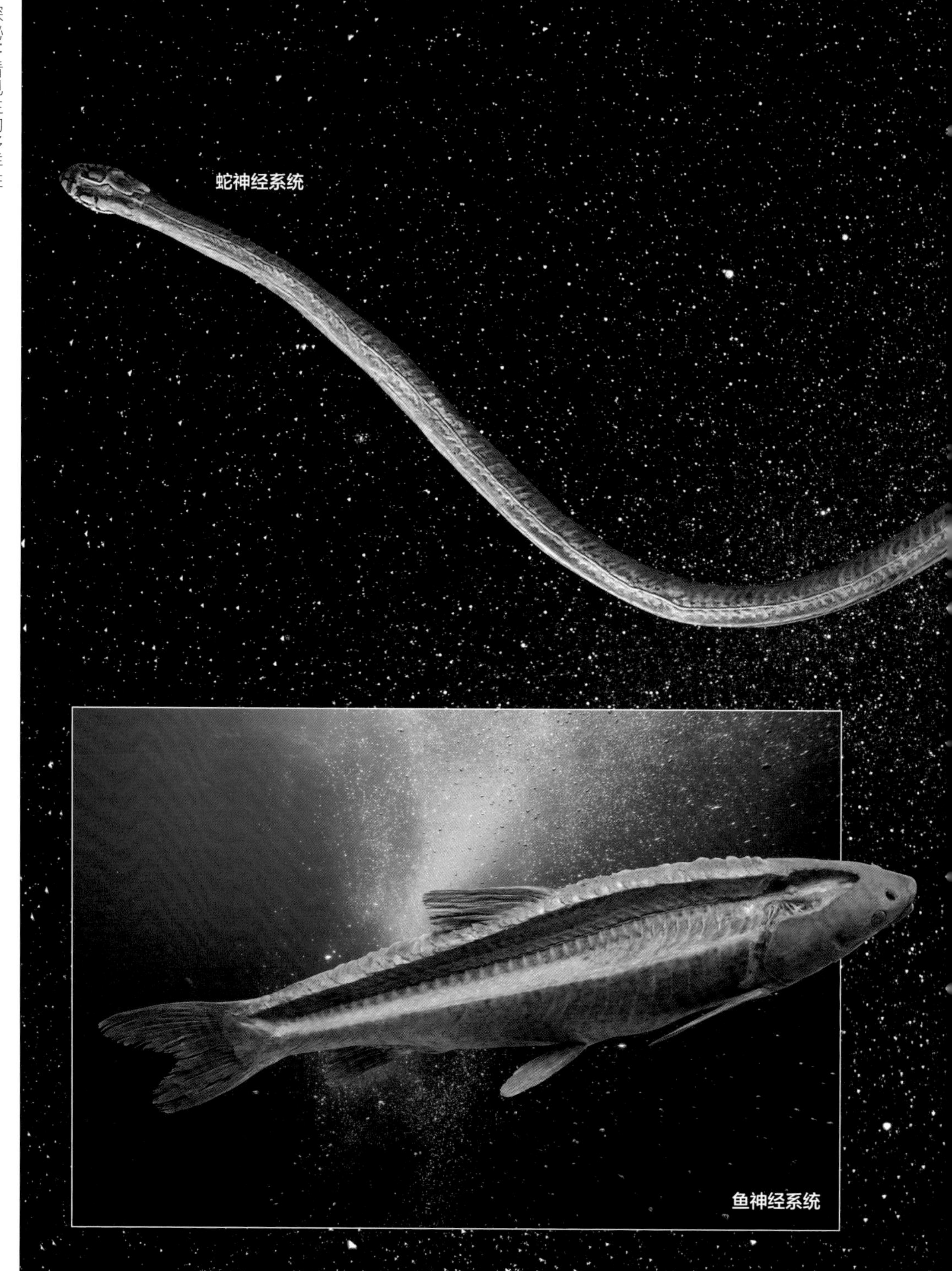
蛇神经系统
鱼神经系统

蛇和鱼类比较特殊，它们没有四肢活动，脊髓的粗细变化不大。

相对来说，很多脊椎动物（如某些鱼类、爬行类）的脊髓比人的长些。脊椎动物有个明显的趋势，就是它们的脊髓的长度在缩小。这种趋势说明，神经系统在进化的过程中，动物越是高等，其脑的进化越发达。

16　熊猫的“可爱修炼手册”

熊猫是我国的特有动物，是国宝。熊猫经常吃竹子，咬肌和颞肌格外发达，成了人见人爱的圆脸“萌”，吸粉无数。

熊猫的黑眼圈让人感觉很萌，搏斗的时候还可以恐吓对方。其实熊猫的眼睛并不大，去掉黑眼圈之后，它的眼睛显得小小的。

熊猫的犬齿和臼齿很发达，保留了食肉祖先的特征。熊猫的牙齿也具备食草动物的部分特性，门齿退化，犬齿和前臼齿发育完整，有着更长的齿列。

熊猫去掉黑眼圈

与牙齿相比，熊猫消化系统的配置却没有那么高端，它的肠胃并不能完全适应植物。植物的营养成分较少，难以消化，一般食草动物会进化出比较长的肠道。例如，羊的肠道长度是身体长度的 25 倍。熊猫的肠道却很短，只有体长的 4 ~ 5 倍，导致许多食物根本没有被肠道消化。因此，熊猫的粪便并不臭，反而有竹子的清香。

生命的神奇在于，每一个生物体在毫厘之间都承载着物种进化的历史，可爱的熊猫同样经历了漫长的物种进化过程。

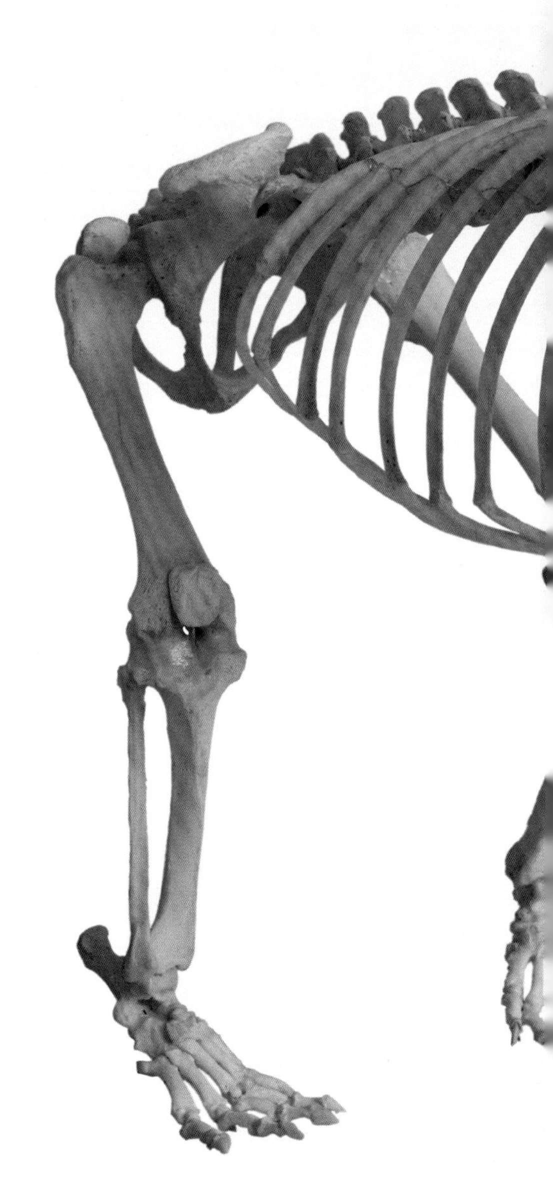

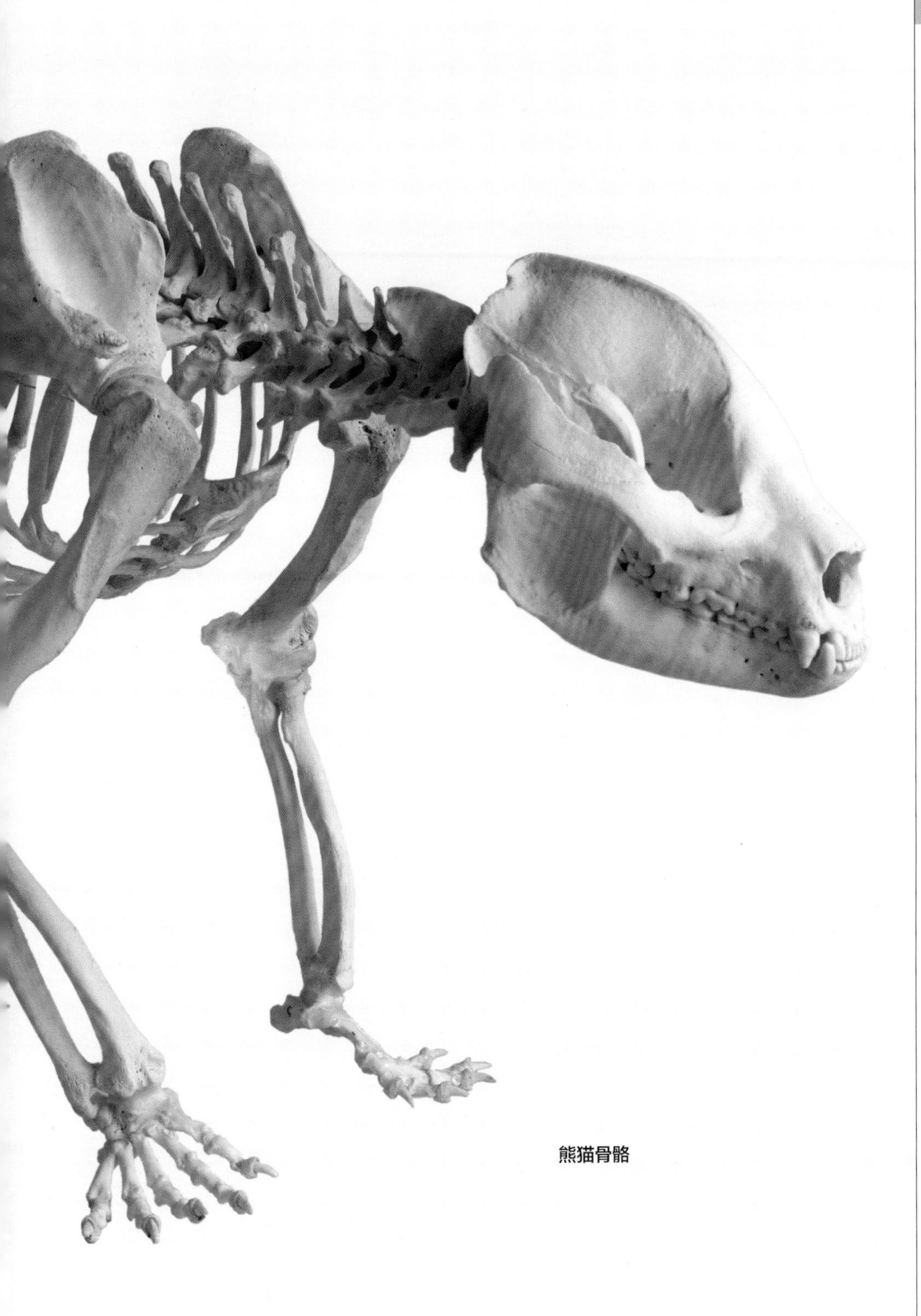

熊猫骨骼

17 六指熊猫

人是靠手指握住东西，而熊猫吃竹子时也可以这样握，为什么？难道它的手指进化和人是一样的吗？

人的手掌结构分为腕骨、掌骨和指骨，每只手有五根手指，分布合理，能完成各种动作。

熊猫的手掌上有第六指——桡骨的末端多出一个手指骨。这根手指被称为“桡侧籽骨”，没有爪尖，对熊猫有重要的作用。吃竹子时，熊猫凭借第六指将竹竿夹在手掌上，方便进食，这是熊猫为适应生活而发生的一个改变。

人手骨

18 长颈鹿的脖子真长

长颈鹿是世界上身型最高、最珍奇的动物之一。它的脖子很长，但和人类一样，都是由 7 块颈椎构成的，只不过相比于人类，它的每块椎骨都比较长。正是由于脖子长，长颈鹿拥有比一般动物更强壮的心脏，这样才能将血液压至头部。它的血压是成年人的 3 倍。

除了长颈鹿和人，常见的兔子、狐狸、狗、羊等动物都具有哺乳动物的脖子共性——7 块颈椎。同样的 7 块颈椎，为什么长颈鹿的脖子这么长呢？其实，长颈鹿祖先的脖子并不长。由于地面缺乏食物，长颈鹿不得不从食青草改为食树叶，它们必须踮起脚尖，伸长脖子。脖子长的个体能够吃到食物，脖子短的个体因吃不到食物而被淘汰。经过漫长的岁月，遵循着适者生存、不适者淘汰的自然准则，长颈鹿的脖子越来越长——一代长于一代，最终它们成为世界上最高的动物。

拥有这么长的脖子，长颈鹿的饮水方式也发生了改变。在喝水的时候，长颈鹿需要将前面两腿大幅叉开，吻部才能触及地面上的积水。这种饮水方式较为不便，但还好长颈鹿是耐渴动物。长颈鹿每天能吃 60 千克左右的绿植，这保证了它们有充足的水分摄入，所以长颈鹿每隔几天才喝一次水。

长颈鹿骨骼

19 哈士奇终究不是狼

狼和狗的外形很相似，主要差别在头部结构。狼的头看起来比狗的头大很多，主要原因在于狼的嘴长。为什么会出现这种情况？狗的嘴为什么会比狼的嘴短呢？这和狗的生活习性及进化有关。

狼在野外生活，需要捕食和撕扯。狗的进化历史有一万多年，通常情况下是和人生活在一起。人和狗吃的食物比较相似。人多数是吃熟食，熟食对于狗来说比较软，容易消化，所以狗在饲养过程中牙齿变得相对较小，口腔变得较短，所以狗的嘴比狼的嘴短。

在生活中，人在选择宠物狗的时候比较倾向于“大头娃娃”一样的圆头狗，这样的狗看起来比较可爱、温顺，而狼恰恰没有这样的优势。

狗面部

人可以通过表情肌表达各种行为，表情十分丰富，而动物表情肌没那么发达，表情比较简单。狼的表情肌虽然比人类要简单，但是狼有一些肌肉可牵扯它的嘴角、眼睛，在捕猎或防御的时候，看起来极其凶猛，有威慑力。

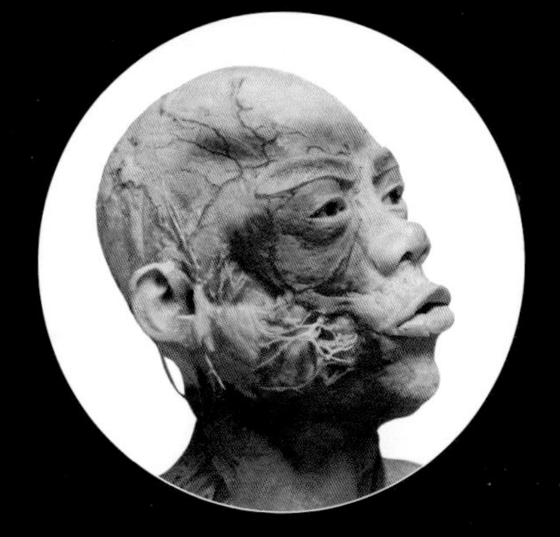

人表情肌

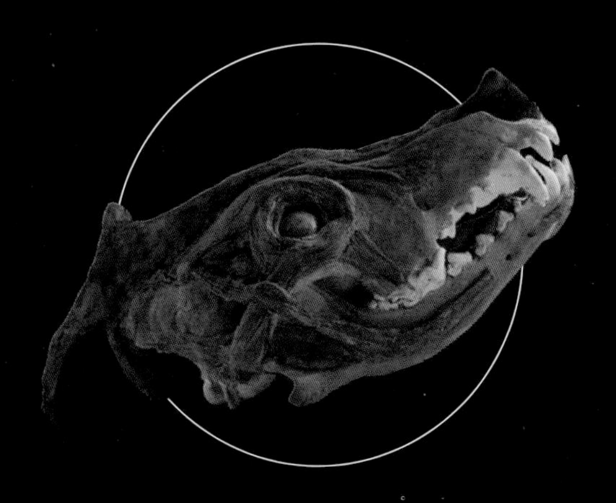

狼面部肌肉

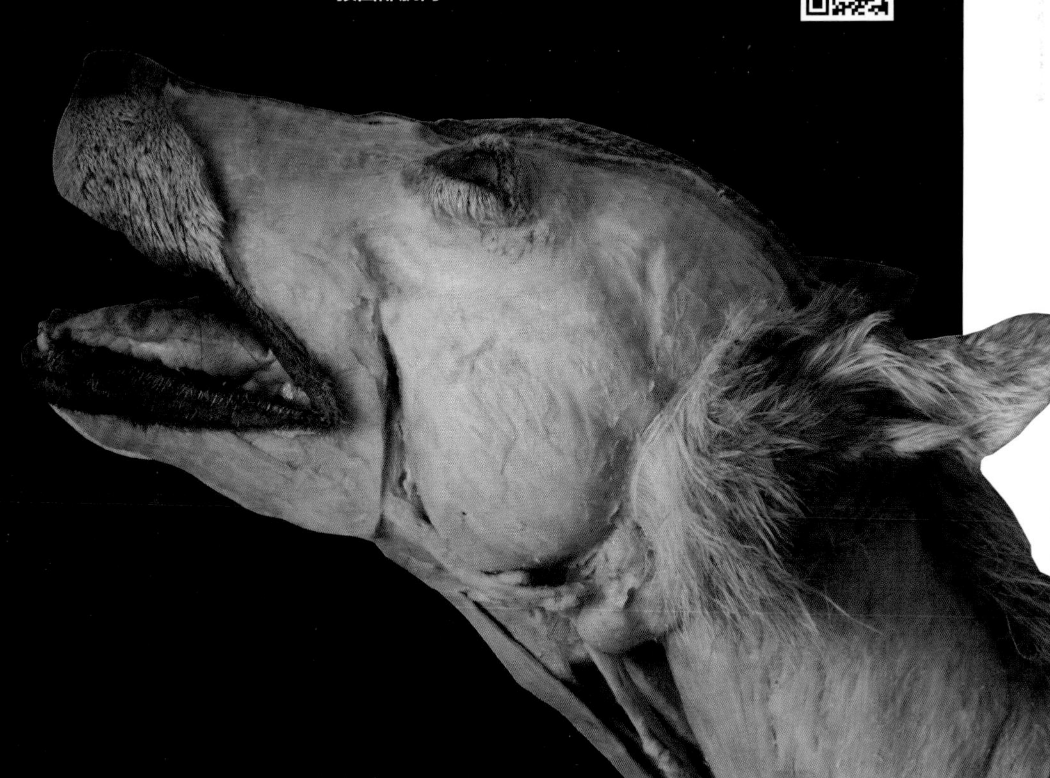

20 为什么马可以做古代的交通工具？

原因一：马可“一日千里”

马的心肺发达，背肌、腹肌及四肢肌肉极为健壮，因此奔跑速度很快，最快每小时可达 60 千米，可连续奔跑 100 千米，是名副其实的“超级马力”。

原因二：古代 GPS——“老马识途”

马脸较长、鼻腔大、嗅觉神经丰富，构成了比其他动物更发达的“嗅觉雷达”。马的嗅觉不仅能鉴别饲料、水质优劣，还能辨别方向。马在行走时，鼻子呼呼作响，不断排出鼻腔中的异物，使呼吸畅通，充分发挥嗅神经细胞的作用，能准确地分辨气味，识别道路。

原因三：为何“马不食夜草不肥”？

马是食草动物，胃主要的作用是储存食物，真正起到消化作用的是盲肠。草料中所含的能量较低，所以马需要大量进食来满足身体的消耗。相对来说，马的胃体积不大，每次的食量有限；而且，马在白天要运输劳作，只有晚上可以进食，这也是“马不食夜草不肥”的原因。

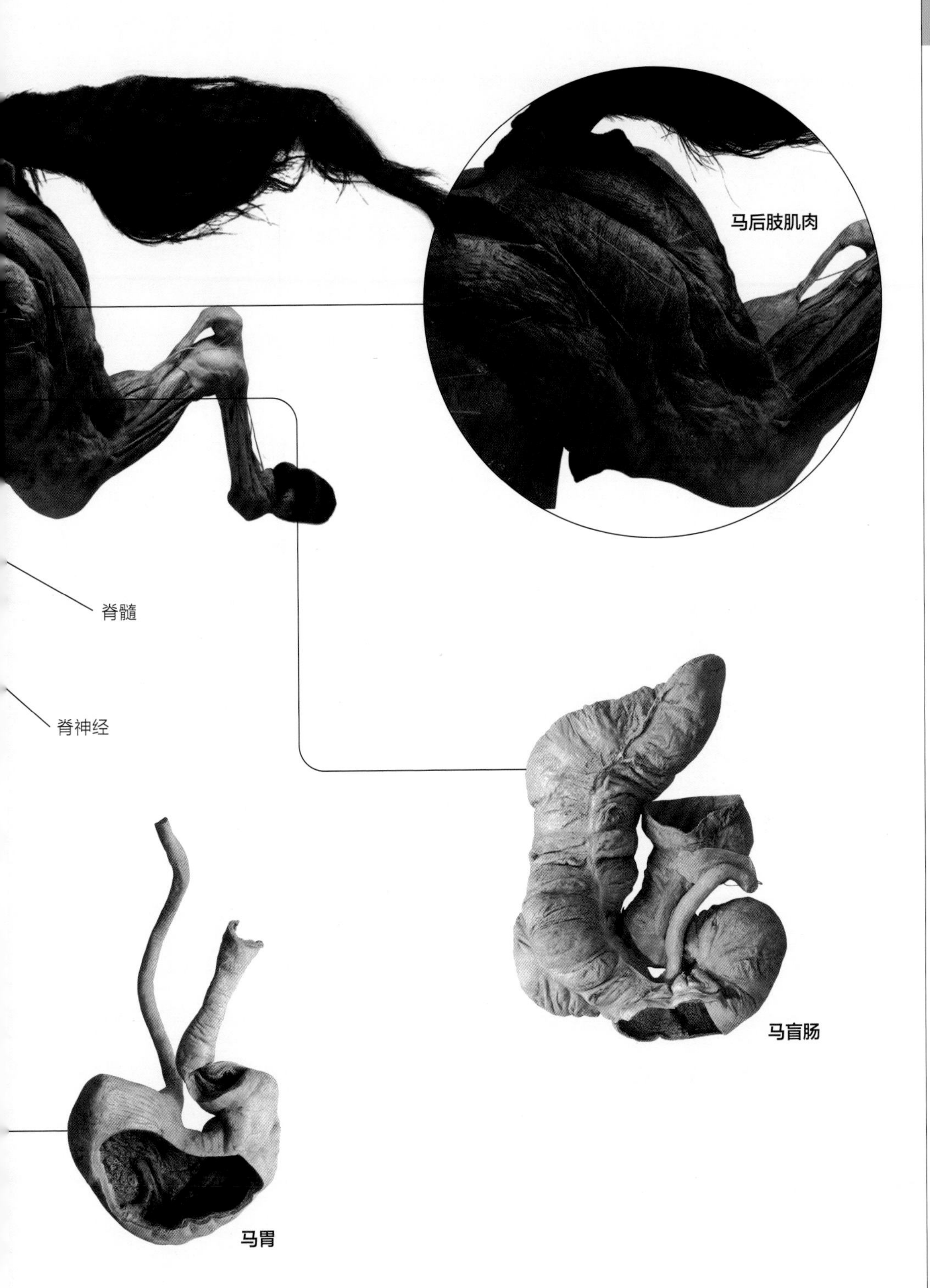
马后肢肌肉
脊髓
脊神经
马盲肠
马胃

21 刺猬的防身武器

每种动物都有自身的结构特点，使得它们在生存方面获得优势。独特的身体结构能保证动物在大自然残酷的生存竞争中存活下来。这些优势主要体现在觅食、防御、繁殖三个方面。

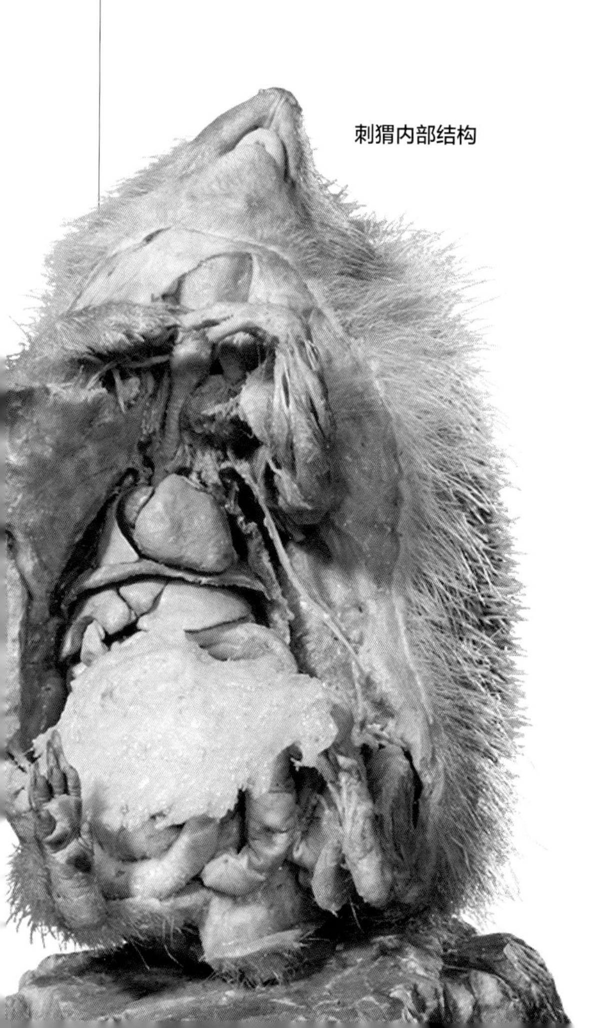

刺猬内部结构

刺猬是哺乳动物，它的腹部有很多软毛，剖开之后看它的内部结构，其肌肉形态、组织结构与小老鼠相差无几。刺猬的独特之处在于它的背部有很多刺，这种刺能起到防御作用。那它的刺是如何形成的呢？

刺猬背部的刺是皮肤上的毛发增粗变硬而形成的。锋利的刺既能让敌人难以下口，起到保护自己的作用；还可以帮刺猬运送食物，储存过冬。

穿山甲的甲片上可以看到残留的毛发。皮肤上毛发的变化，使得它们在防御过程中获得优势，这种优势叫作“物理防御”。

动物进化时，在生存条件突发变化的情况下，动物体内的基因为适应变化，通过自然环境的影响，随着时间的积累而形成新的基因，这样的过程称为“基因突变”。这也是动物逐步向前进化发展的主要原因：通过一代一代遗传不断筛选，动物进化是为了更好地适应生存环境。为了种系能够延续下去，动物要有强大的防御武器，依靠自身优势对付侵犯者。而繁殖是种族能够延续下去的终极目标。任何一种动物想要生存下去，都要不断地繁殖进化，筛选适合自然环境的优秀基因，避免自身物种的灭绝。觅食行为是动物的本能，也是动物能够生存下去的必要保证条件。搜寻、捕捉技能的完善，是为了提高觅食效率。动物的防御、繁殖、觅食三方面，任何一方面有独特之处，都会获得生存优势，进而形成新的物种。

22 棕熊看似臃肿，其实满是肌肉

民间经常把棕熊叫成“熊傻子”，因为它看起来慢吞吞、傻憨憨的。实际上，棕熊是非常灵活的动物，奔跑速度快、力量非常强。

棕熊的胸部肌肉发达，颈部肌肉可以带动肩颈部，使上肢非常有力，在抬臂出击时发挥了重要的作用。棕熊的下肢肌肉同样不逊色，缝匠肌及股四头肌非常强壮。如此强壮的肌肉还可提升奔跑速度，最快每小时可达 56 千米。

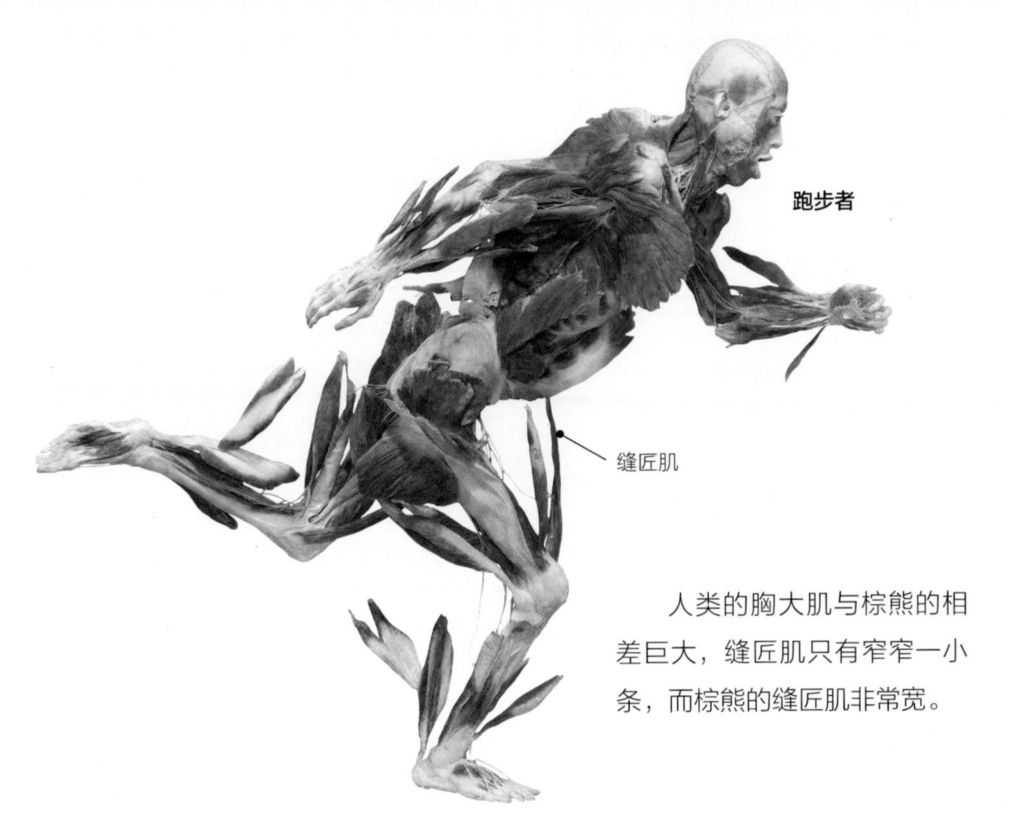

人类的胸大肌与棕熊的相差巨大，缝匠肌只有窄窄一小条，而棕熊的缝匠肌非常宽。

在寒冷的冬季来临时，一些动物的生命活动处于极低的状态。由于食物缺少，气温改变，它们在自己打造的洞穴中不吃不动，直到春暖花开时醒来，这种休眠现象叫作“冬眠”。棕熊也需要挖洞冬眠，几个月不吃不喝，甚至有的熊妈妈还会在这期间生小熊宝宝，进行哺乳。那么，棕熊靠什么生存呢？

棕熊的背部乃至全身都包裹着一层厚厚的脂肪，脂肪就像一件皮大衣，可以起到保暖的作用。冬眠时，身体所需的能量就从厚厚的脂肪当中获取。当冬眠结束时，棕熊的脂肪消失殆尽，看起来消瘦许多。

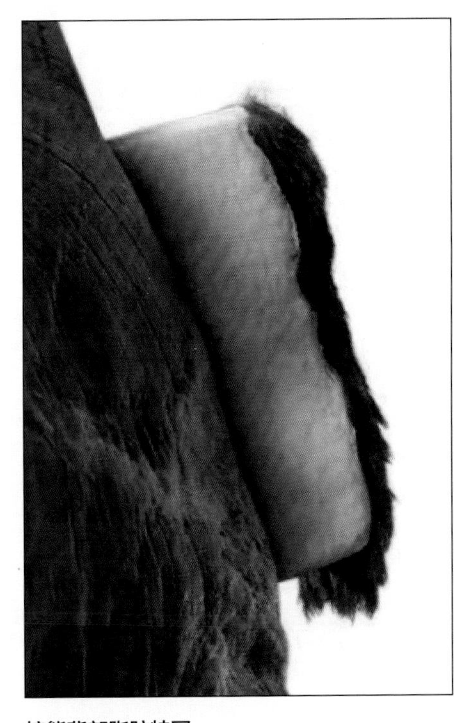

棕熊背部脂肪特写

23 小企鹅是大长腿

企鹅原名“肥胖的鸟”，是一种最古老的游禽，有“海洋之舟”的美称。大多数鸟类的羽毛是长在长条形的羽胚上，企鹅的羽毛却均匀地分布在它小小的身体上，看起来就像披了一层皮毛一样。小企鹅最先长出来的是非常细软的羽绒，当羽绒慢慢褪去后，羽毛便出现了。

企鹅的鳍状翅膀剖面几乎对称，附着在肩胛骨上的抬翅和降翅肌肉都很发达，在抬起和落下时可以使翅膀以一定的角度进行划水，产生推力。企鹅是游动最快的鸟类，是名副其实的“肌肉猛男”。

企鹅肌肉

企鹅切片

企鹅是短腿的形象，它们走起路来一摇一摆的，像身穿燕尾服的绅士。其实，大家都被它们的外表骗了。当遇到危险时，企鹅的前进速度非常快。其实企鹅拥有一双大长腿，只是我们只能看到脚踝以下的部分，很大一部分隐藏在肌肉和脂肪中看不到。

24 想飞的鸵鸟为什么不能实现梦想？

飞翔不是鸟类必备的技能，有些动物虽然不会飞，但也是鸟类家族的一员，如鸵鸟。其实，鸵鸟的祖先是一种会飞行的鸟类，那么为什么鸵鸟现在不会飞了呢？这是因为鸵鸟为了适应环境，丧失了飞行的能力。以前，鸵鸟一直生活在稀树草原和沙漠中，这些地方只有地上才会有食物，所以鸵鸟经常待在地上。另一方面，鸵鸟擅长奔跑，且速度极快，以至于它们习惯了长时间地奔跑，飞行的能力慢慢弱化了。

现今鸵鸟不能飞翔的原因主要有三点：一是两边羽翼退化，二是骨骼的骨密度加大，三是鸟类飞翔最具有代表性的结构退化。绝大多数鸟类的胸骨腹侧正中有一块纵突起，被称为“龙骨突”，主要作用是为肌肉提供附着部位。鸟类飞翔的动力在于翅膀，而挥动翅膀的肌肉就附着在龙骨突上。龙骨突变小，肌肉力量变弱，使鸵鸟不能飞翔。

失之东隅，收之桑榆。鸵鸟虽然不能飞翔，但是它进化出了强有力的双腿。鸵鸟的奔跑速度很快，冲刺速度在每小时 70 千米以上，不仅如此，鸵鸟的双腿还是它主要的防卫武器。

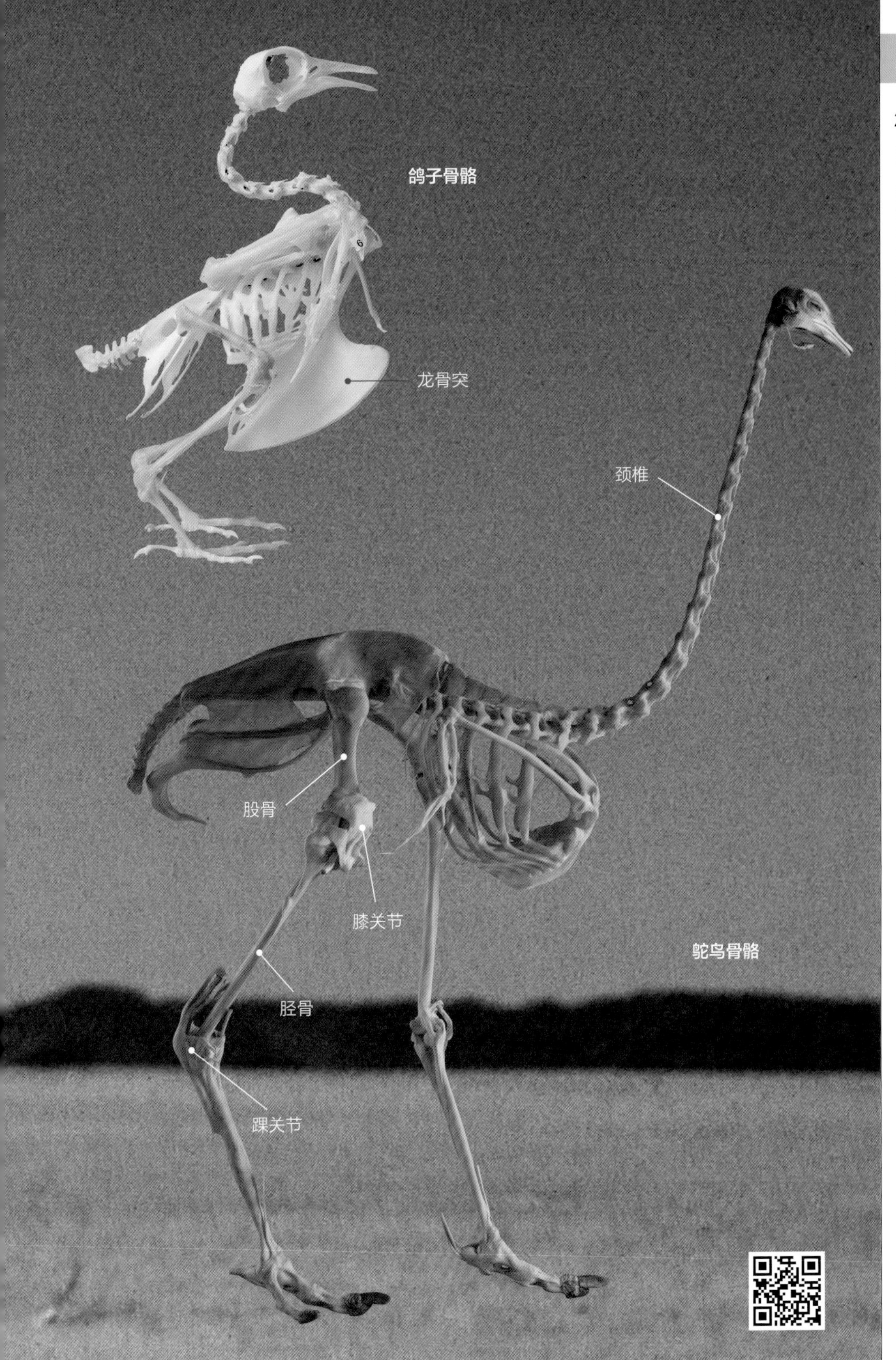
鸽子骨骼
龙骨突
颈椎
股骨
膝关节
胫骨
踝关节
鸵鸟骨骼

25 蛇的 S 形走位

蛇的运动非常灵活，而且悄无声息。蛇没有腿，那么它是如何实现爬行的呢？

在蛇的腹部有很多鳞片，尤其是中间部位。当这些鳞片挪动的时候会带动蛇向前移动。鳞片为什么能活动呢？因为在蛇鳞片的内侧有很多小的皮肌，肌肉收缩可以带动鳞片活动，使蛇向前运动。这些很小的皮肌是蛇运动的动力来源。

蛇

蛇有三种爬行方式：波浪式——蛇利用坚硬的地面推动自己一点一点地向前移动；蜷曲式——在地道中，蛇蜷曲身体碰触墙面向前推进；直线式——蛇利用腹部鳞片推动自己前进。

蛇鳞片

皮肌

波浪式

蜷曲式

直线式

26 江豚的奇妙结构

人边讲话边进食，容易引起呛咳。那么，江豚在水中吃东西，会引起呛咳吗？

人的气管和食管在咽喉处是同一个开口，会厌的结构可以防止食物进入气管中。会厌软骨是隔绝食管和气管的结构，在神经系统的支配下开合。会厌打开，引导空气进入气管；会厌关闭，引导食物避开气管，进入食管。所以人在进食时，会厌可以防止食物进入气管。如果我们进食过快，边吃东西边讲话，会厌不能及时关闭，就容易导致食物吞咽和呼吸出现混乱，易有食物误入气管的情况发生，引起呛咳。

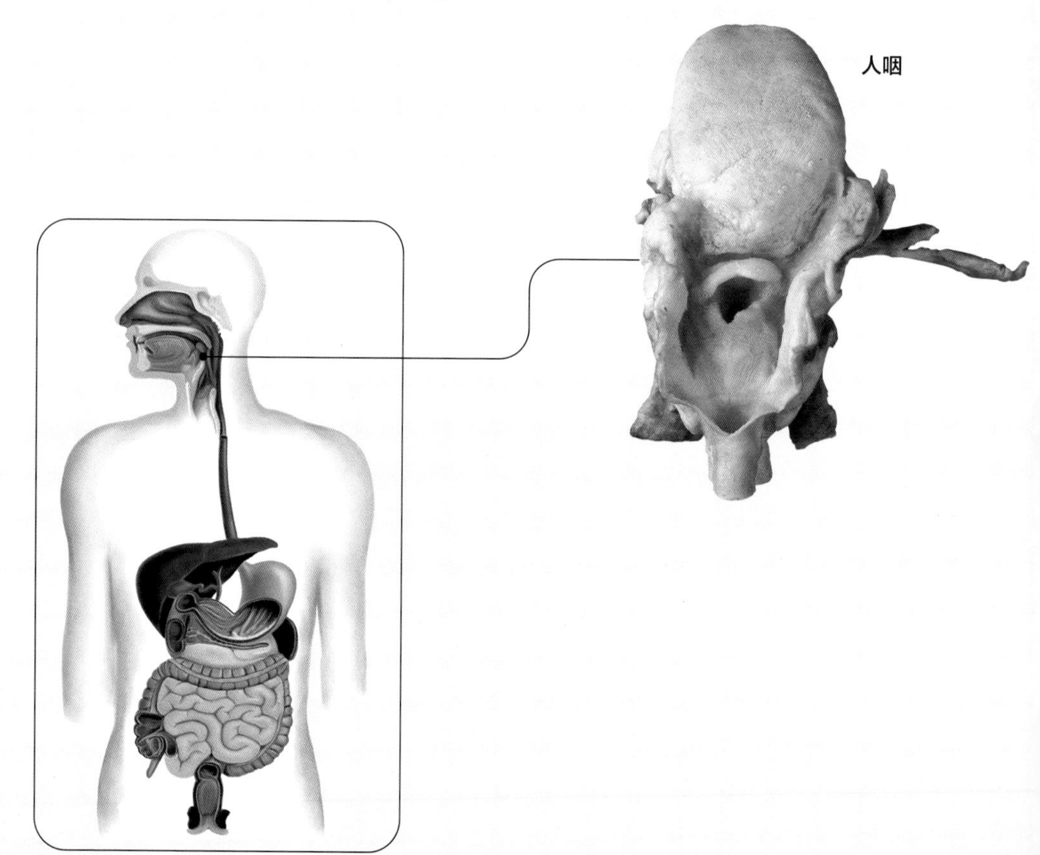

江豚的呼吸系统较为独特。当需要吸气时，它的身体会浮出水面，靠喷水孔吸入空气，空气通过气管直达肺部。呼气时，身体浮出水面，呼出的二氧化碳通过气管送至喷水孔，喷出体外，便形成我们所见的“海中喷泉”。江豚的食管与气管互不相通，分别有各自的通道。它们在喉部十字交叉，避免了江豚在水中进食时水呛入肺中。

鲸和人类一样，是用口、鼻、肺进行呼吸的，只是为了潜水，鲸不得不憋着一口气。

27 坚不可摧的龟背甲

龟经历了几亿年的进化，它的外形几乎没有太大的变化。龟用其万年不变的龟壳，战胜了瞬息万变的世界。龟壳提供的物理保护使龟可以避免来自敌人的伤害。

从达尔文进化论角度讲，任何器官都不可能凭空产生，只能是原有的器官发生变化，产生新的功能，适应新的需要。所以任何一个新的结构都是在原有结构的基础上进化而成的。

那龟壳是如何形成的呢？首先我们要了解动物体内的基本结构——椎骨与肋骨。

人的身体由脊柱支撑，脊柱是由 26 块椎骨组成的，根据在人体的位置不同，椎骨可分为 7 块颈椎、12 块胸椎、5 块腰椎、1 块骶骨和 1 块尾骨。12 块胸椎向前连接又形成 12 条肋骨，保护胸腔。

龟化石

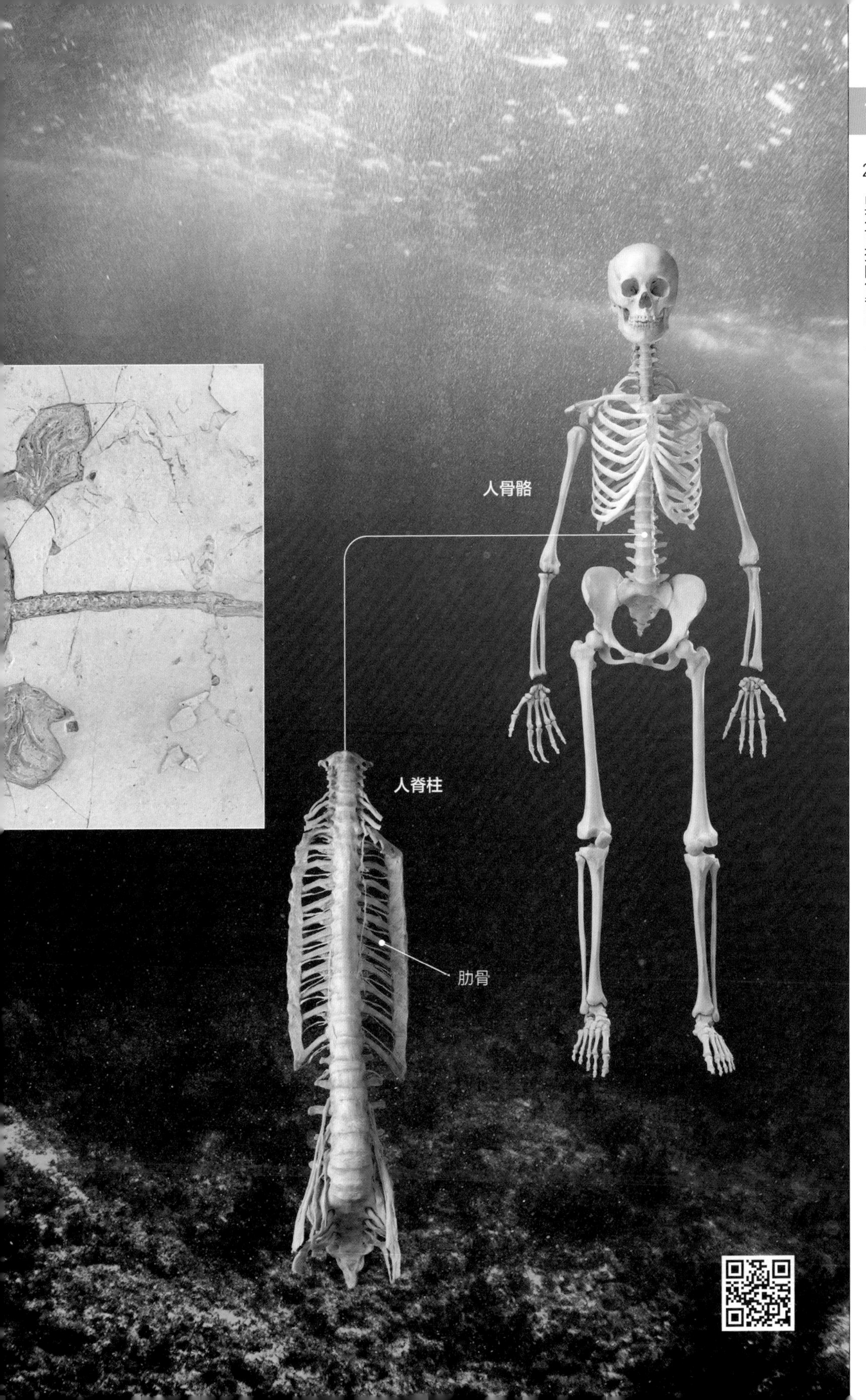
人骨骼
人脊柱
肋骨

海龟背甲上呈横向放射状的是它的肋骨，最中间的是一条脊柱，龟背甲是加宽的肋骨与椎骨融合后形成的，为海龟提供了保护。

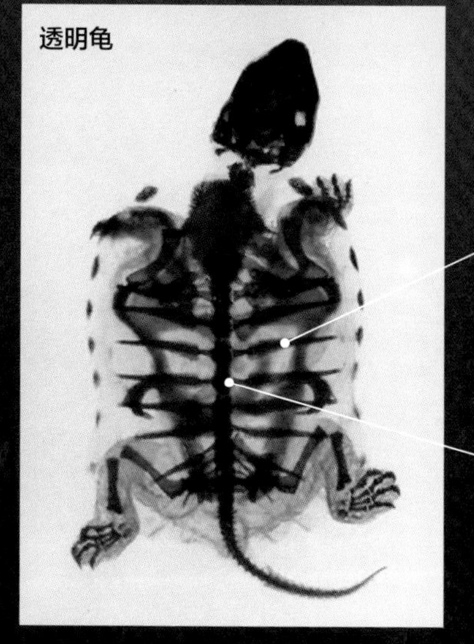

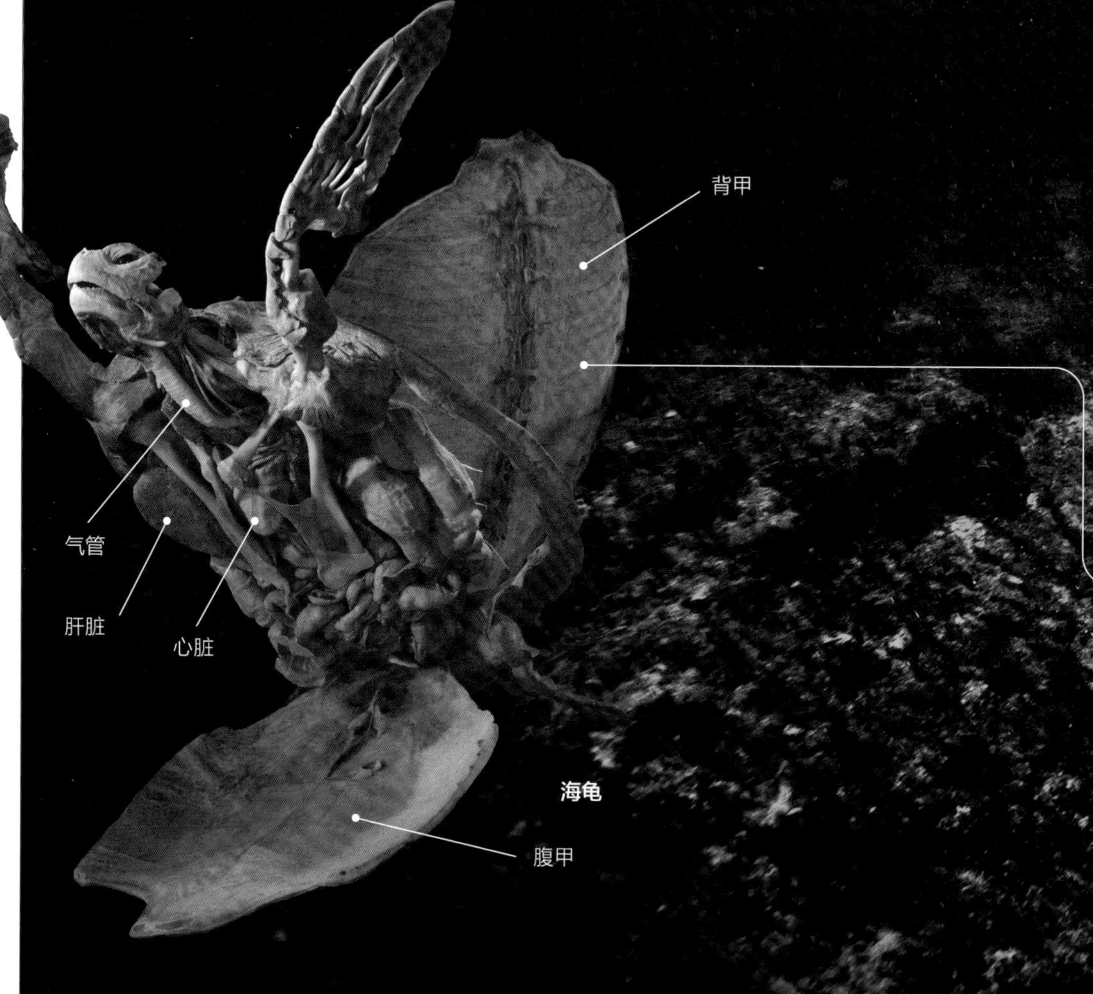

陆龟与海龟有何不同?

由于海龟和陆龟生存的环境截然不同，对它们虎视眈眈的掠食者，不管是体形上，还是生活习性上都存在很大的不同。因此，在自然界“优胜劣汰、适者生存”的法则下，海龟和陆龟分别进化出一些不同的生理结构。

陆龟的头可以随时缩进背甲中，来隐藏其真实的“身材”。这会让很多大型的肉食性动物对拥有坚硬外壳、且看上去没什么肉的陆龟丧失兴趣。而海龟的头和四肢却不能缩到甲内，因此海龟必须尽量保持游动才能避免被天敌盯上。对于不同年龄阶段的海龟来说，它们的天敌也有所不同。小型海龟和海龟幼体的天敌是鲨鱼等掠食鱼类；而成年海龟的天敌，则令人出乎意料——是藤壶等寄生生物。若海龟被太多寄生生物粘住外壳，会导致身体难以自由行动，甚至最终窒息而亡或死于饥饿。保持游动的状态，才能有效避免藤壶幼体在海龟壳上“落脚”。

除此之外，陆龟的脚趾没有蹼，不适合游泳；四肢上有巨大的角质层，适合在陆地上生活。海龟有适于游泳的桨状的蹼，而非陆龟具有的厚重的、用于行走的腿。

28 海龟为什么会流泪？

海龟作为爬行类动物，长期生活在海洋中，进食的同时也摄入了大量的海水。它的身体积存了多余的盐分。它是如何将这些盐分排出的呢？在海龟眼窝后面有一些特殊的泪腺，叫作“盐腺”，进化得比人的泪腺大几十倍，是海龟排泄盐分的重要器官，这也是海龟会流泪的原因。

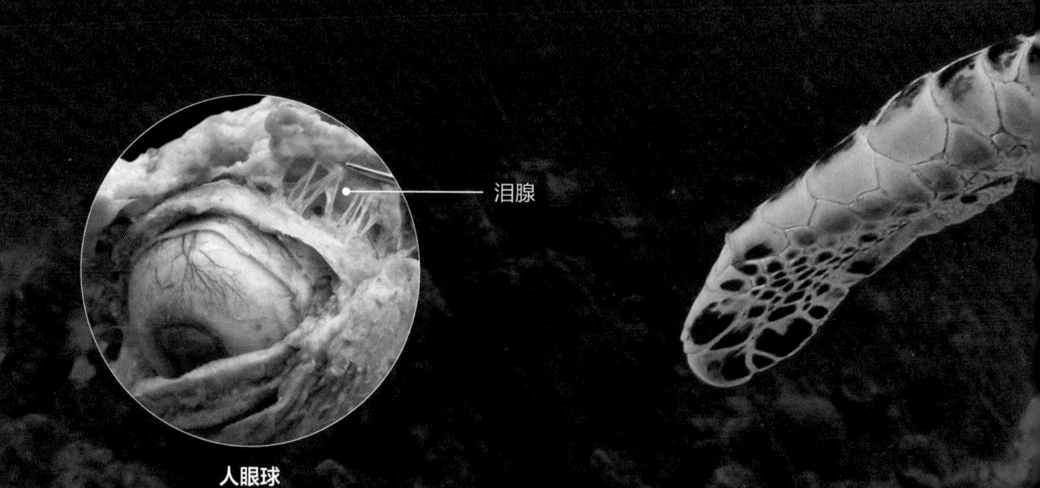

人眼球

海龟盐腺
盐腺

29 海龟的食管——带刺的玫瑰

海龟除了会“流泪”，它还有一个特殊的结构——食管。海龟的食管黏膜上有很多倒生的“抗击尖刺”（anti-barfing spikes），这些尖锐的肉刺像传送带一般将食物送到海龟的胃中，防止食物倒流。

食管的构造给海龟带来了不小的麻烦，若不慎吞咽塑料袋、渔网、塑料泡沫等很难被分解的海洋漂浮垃圾，它们无法通过呕吐反射把这些异物吐出来，最终垃圾留在食管中，会造成海龟窒息死亡。因此呼吁大家关注海洋动物，关注海洋健康。

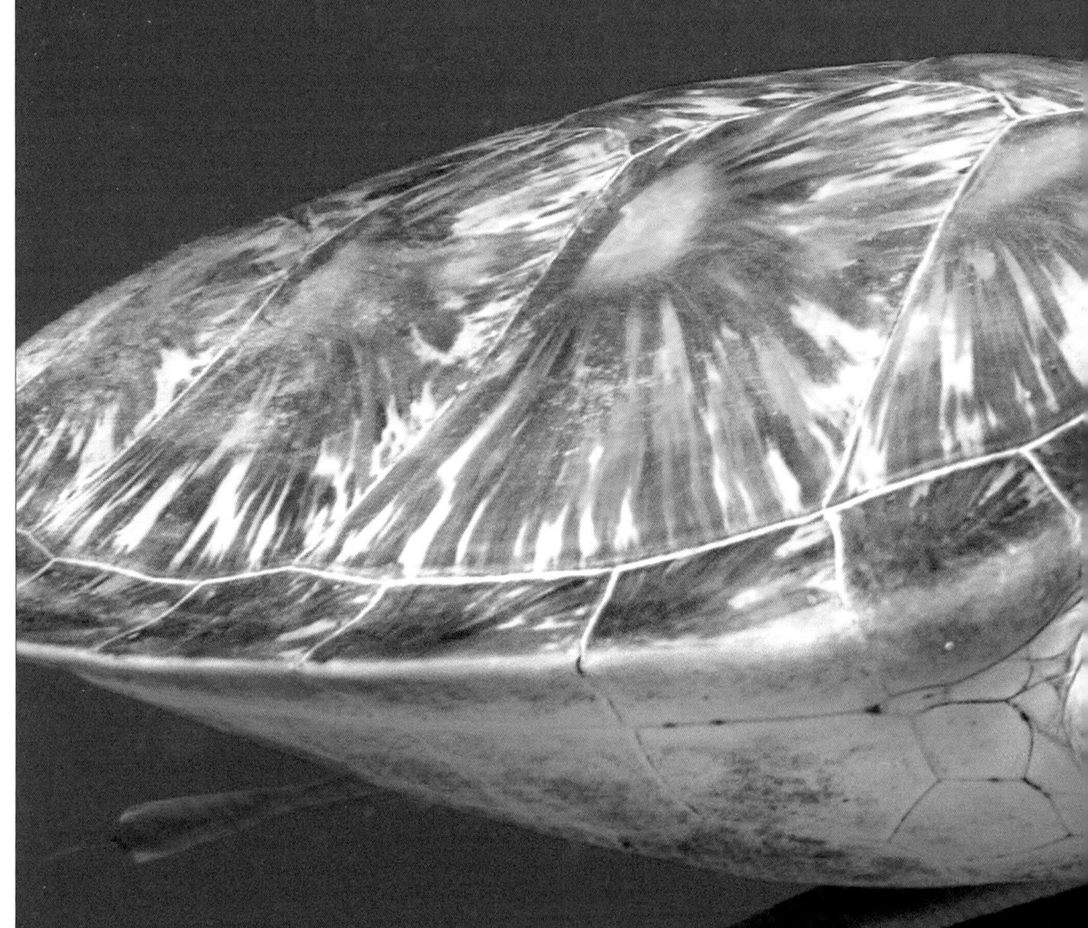

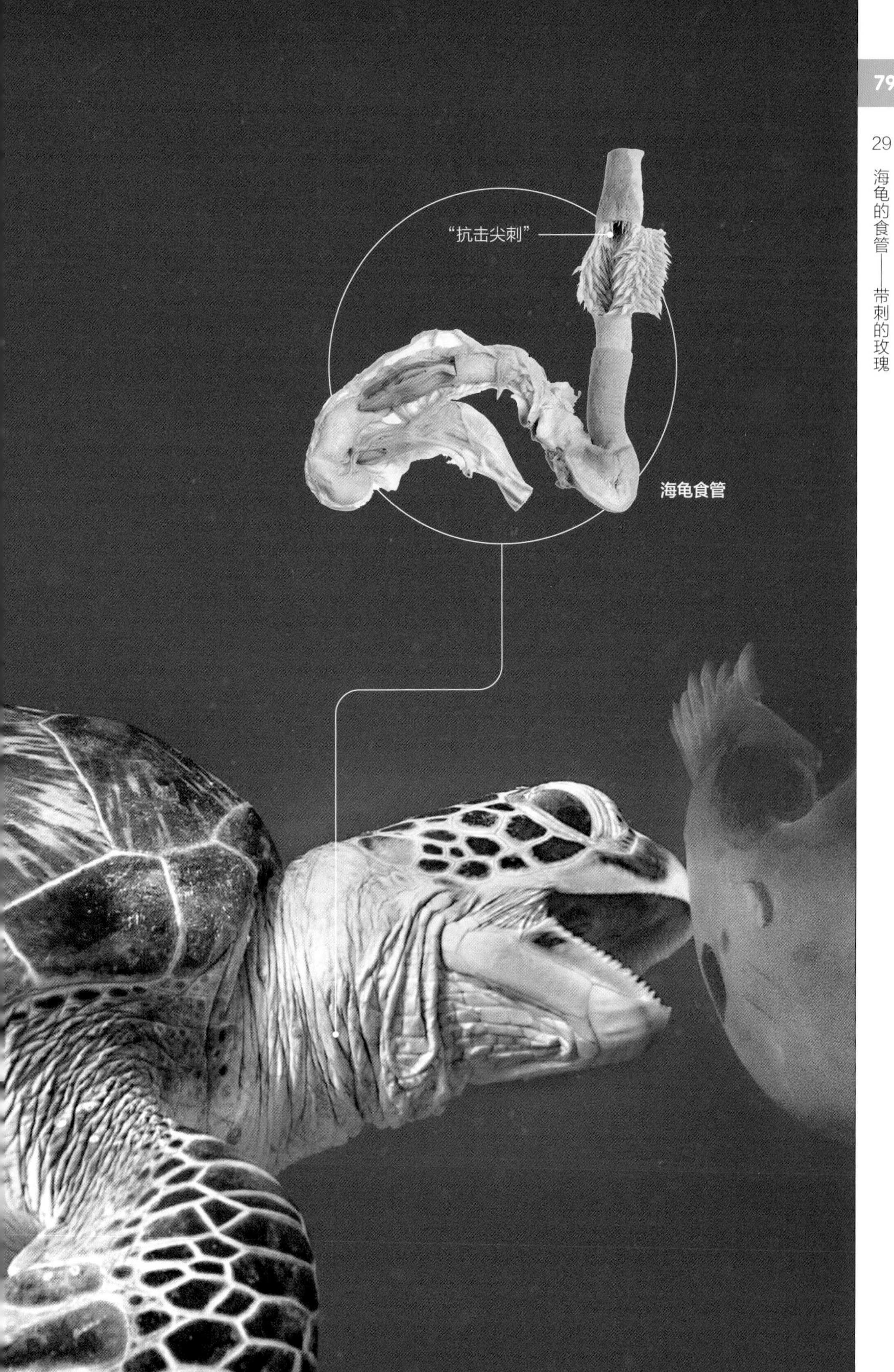
“抗击尖刺”
海龟食管

30 打着“灯笼”去钓鱼

鮟鱇鱼看上去很笨重，不擅于游泳及追逐食物，然而它却是优秀的“捕鱼能手”。

鮟鱇鱼头部上方有个肉状突，形似“小灯笼”，是由鮟鱇鱼的第一背鳍逐渐向上延伸形成的。“小灯笼”可以发光是因为鮟鱇鱼体内具有腺细胞，能够分泌光素。光素在光素酶的催化下，与氧气作用，发生缓慢的氧化反应，从而发光。深海中的很多鱼都有趋光性，于是“小灯笼”就成了鮟鱇鱼引诱食物的利器。但有时候“小灯笼”也会给它惹来麻烦。闪烁的“小灯笼”不仅可以引来小鱼，还可能吸引敌人。当遇到一些凶猛的鱼时，鮟鱇鱼不会与其正面作战，它会迅速地把自己的“小灯笼”塞进嘴里去，等待海洋一片黑暗时，鮟鱇鱼转身就逃。原本冲着鮟鱇鱼来的大鱼，在黑暗中无所适从，只得悻悻离去。

鮟鱇鱼能捕猎成功，并非只依托其钓鱼战法，它的大嘴也起到了相当大的作用。它的大嘴和可膨胀的胃，能够吞入与它同样大的鱼。

有一类鮟鱇鱼的雄性是寄生在雌性身上的，我国水域中有种黄鮟鱇就是这样的生存方式。这类鮟鱇鱼的卵一经孵化，幼小的雄鱼会马上找“对象”，附着在雌鱼头部的鳃盖下面或腹部、身体侧面。过一段时间，幼小雄鱼的唇和身体内侧就与雌鱼的皮肤逐渐连在一起，最后完全愈合。雄鱼除了精巢组织继续长大，其他的器官都停止发育，最后完全退化。从此，雄鱼就依附在雌鱼体上，靠雌鱼身上的血液来维持生命，过着寄生生活，并通过静脉血液循环进行交配，最终这一对夫妻个体相差悬殊。有人曾经捕到一条 1 米长的雌鮟鱇鱼，附着在它身上的雄鱼只有 2 厘米。鮟鱇鱼这种模式对提高受精率、保证后代的繁衍是非常有效的。

31 巨骨舌鱼的呼吸大法

巨骨舌鱼是硬骨鱼类，生活在最原始的热带丛林水域。它们为了更好地适应环境，产生了两种呼吸方式。

巨骨舌鱼

由于天气酷热，河水流速缓慢，含氧量降低。巨骨舌鱼需要不时浮上水面，吞咽空气进行呼吸，这促使它练就一套神奇的呼吸功法——不仅可以靠鳃来呼吸，它的鱼鳔还具有同肺一样的呼吸功能。鱼鳔上富有血管，像肺一样，与鳃共同发挥呼吸作用。

脊椎动物从海洋走向陆地，内部结构的改变见证了生物进化的历程。脊椎动物的肺也是从鱼鳔进化而来的，从呼吸水中的氧气转化为呼吸空气中的氧气，由用鳃呼吸改为用肺呼吸。

巨骨舌鱼是世界上最大的淡水鱼之一，被称为存活近两亿年的“活化石”。由于人类对其过度捕捞，巨骨舌鱼数量急剧减少，濒临灭绝，这提醒着我们要保护海洋生物。

32 浑水摸鱼没那么容易

鱼在浑水里视力会受到限制，那它是如何感知周围环境的呢？鱼类有一种感觉器官，叫作“侧线”。

在虹的皮肤下面有一些线状结构，是虹的侧线，这里可以感受水流的变化——通过水流的冲击感知周围的食物和障碍物。

多宝鱼学名“大菱鲆鱼”，俗称“欧洲比目鱼”，在中国称“多宝鱼”。近年来多宝鱼的养殖量增多，它被称为餐桌上的“大佬鱼”，它肉质鲜美，营养价值高，是世界公认的优质鱼种。多宝鱼的身体中部有一条线弯弯曲曲，后半部分呈直线，这就是它的侧线。

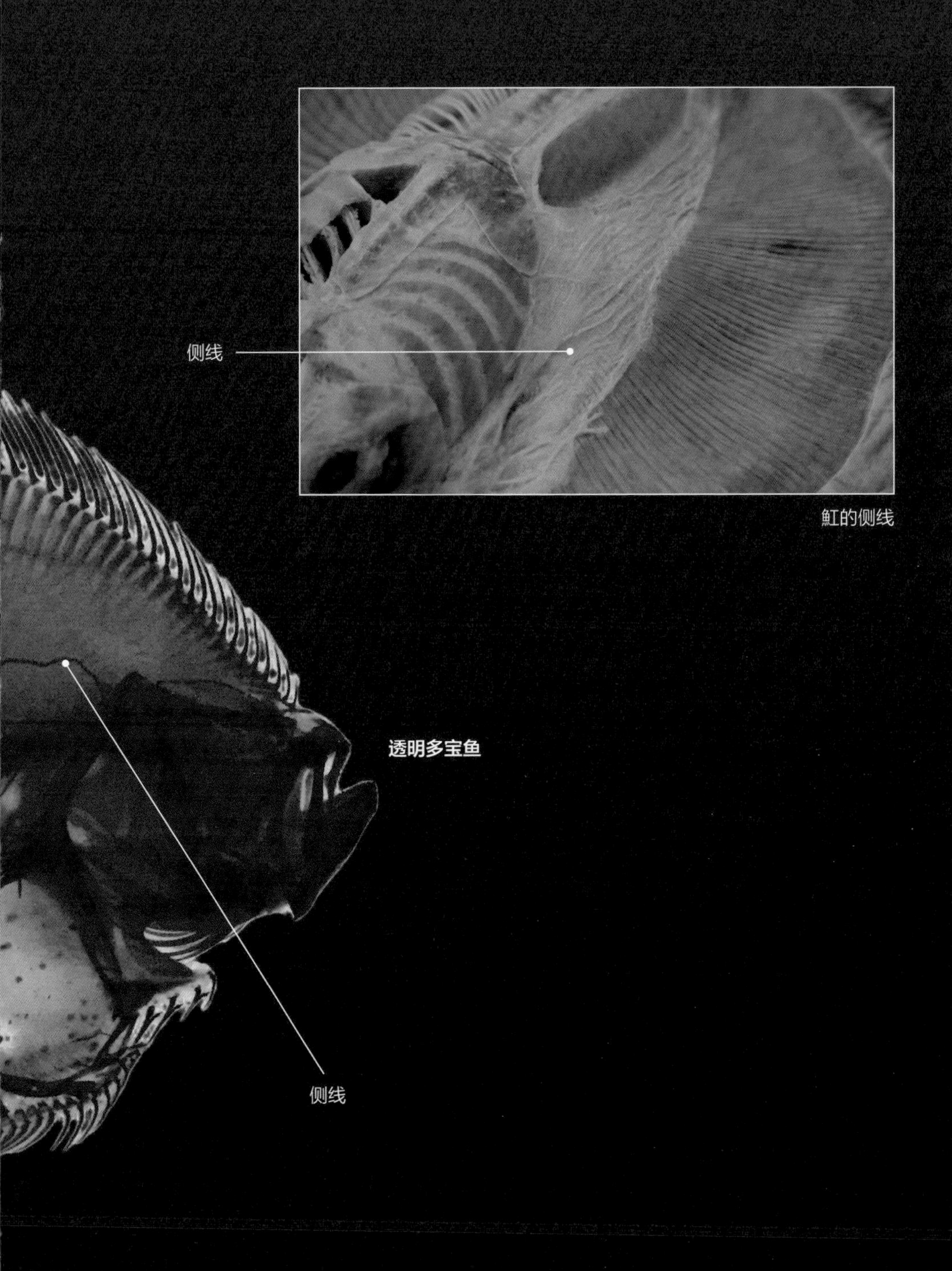

魟的侧线

透明多宝鱼

33 鲨鱼的导航——罗伦氏壶腹

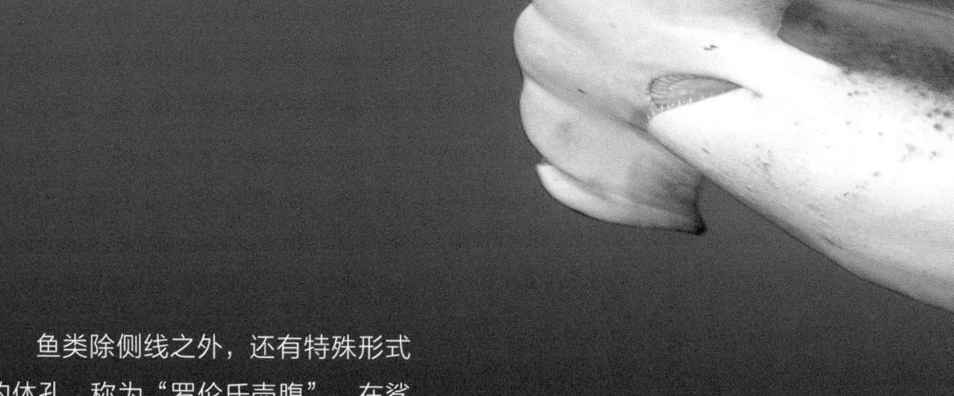

鱼类除侧线之外，还有特殊形式的体孔，称为“罗伦氏壶腹”。在鲨鱼头部分布有密密麻麻的小孔，小孔里面都是透明的胶冻状物质。这些小孔与神经系统相连，可以检测到极其微弱的电场。

鲨鱼利用罗伦氏壶腹探测其他生物的生物电信息，不仅方便捕捉食物，也可以为鲨鱼导航，使迁徙的鲨鱼每年都能回到它们熟悉的栖息地。

罗伦氏壶腹特写
双髻鲨头部下方

34 软骨鱼的肠管里有玄机？

鱼类分为软骨鱼和硬骨鱼两大类。平日大家看到的、经常吃的，大多数为硬骨鱼，而鲨鱼和鳐类属于软骨鱼。

软骨鱼的肠管很短，那么它们是如何吸收足够的营养来维持生存的呢？在亿万年的进化过程中，软骨鱼的肠管逐渐形成一个独特的结构——螺旋瓣。所有软骨鱼类的肠壁黏膜层都有突出管腔的褶膜，一般排列成螺旋状，因此被称为“螺旋瓣”。

软骨鱼的螺旋瓣形状各有不同，具体可分为以下四种：鲸鲨，它的肠管就像碗套着碗一样呈现重叠状，被称为“套叠状褶皱”；鼠鲨或灰鲭鲨的肠管就像屋顶的瓦片一样是叠瓦状的，取名“叠瓦状褶皱”；双髻鲨的肠管是像卷轴一样卷起来的，取名“卷轴状褶皱”；蝠鲼的肠管呈螺旋状，取名“螺旋状褶皱”。螺旋瓣不仅可以引导食物螺旋前进，还可以延长食物在肠管中的留存时间，从而使营养物质的消化和吸收更加充分。

双髻鲨肠管的卷轴状褶皱

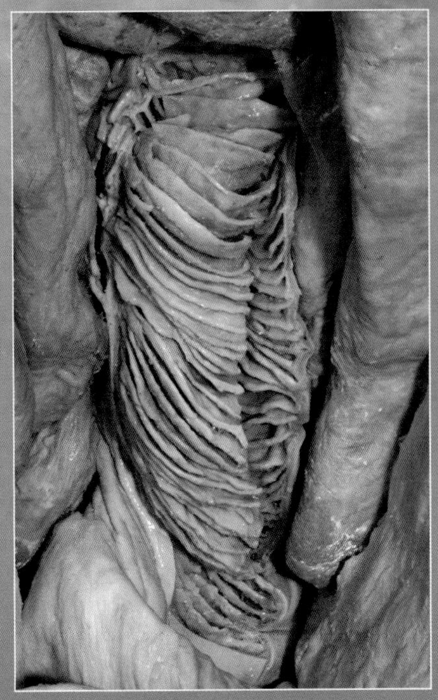
鲸鲨肠管的套叠状褶皱

鼠鲨肠管的叠瓦状褶皱

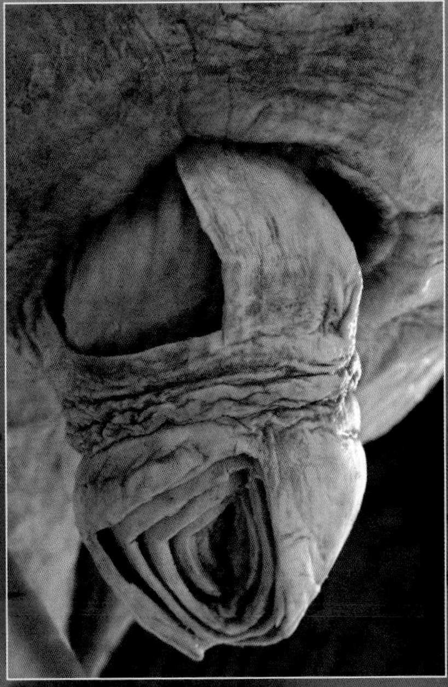
蝠鲼肠管的螺旋状褶皱

白鲸

35 是鲸是鱼一眼就知道

尾骨

鲸尾鳍透明切片标本

经过亿万年的进化，鲸和鱼都适应了海洋生活。为了减小在水中游动时的阻力，它们的身体呈现出流线型，这种在进化过程中在相同生活环境中不同物种的形态变得相似的现象叫“趋同适应”。

鱼翅

鳍条

鲸鲨

不一样的鳍

鳍起着推进、平衡及导向的作用。鲨鱼和鲸都有鳍，却完全不同。

鲸和鱼在外形上最大的区别是尾鳍。鲸的尾鳍没有鳍条，是由尾骨顶端皮肤的扩张形成的。鲸的尾鳍横向生长，有大量强有力的肌腱和肌肉群调整尾鳍上下摆动，推动身体在水中前进，如江豚、白鲸等。鱼类的尾鳍是纵向生长的，靠左右摇摆使身体前进。

鲨鱼背鳍内有骨质的鳍条支撑，它们背鳍中的细丝状软骨就是我们常提到的鱼翅。

长尾鲨尾鳍

鲸鲨

座头鲸尾鳍

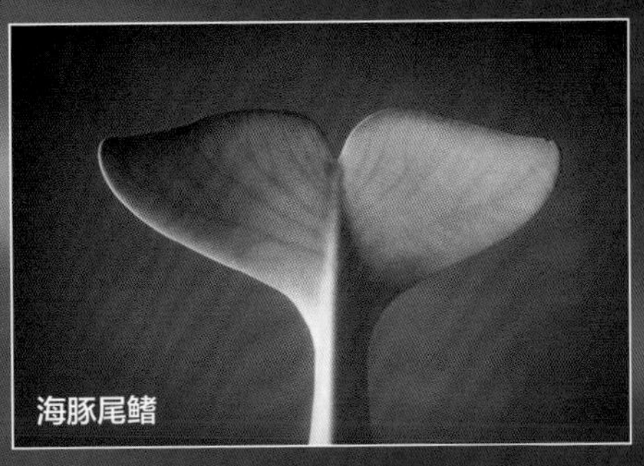
海豚尾鳍

不一样的心

脊椎动物等级越高，其心脏结构越复杂。鱼类有最原始的心脏，由一个心房和一个心室组成，即“单循环形式”，又叫“鳃循环”。

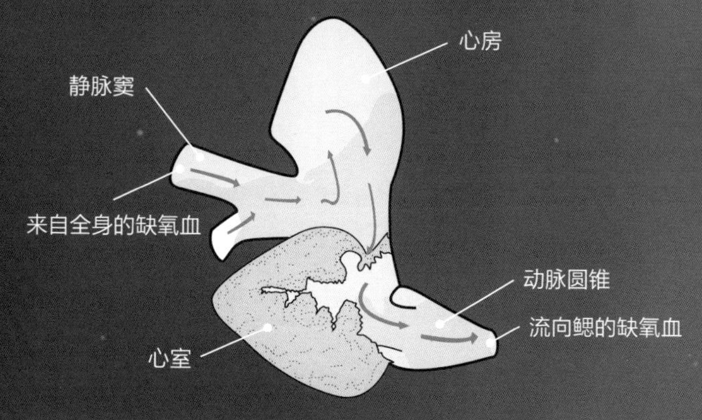

鱼类心脏血液循环示意图

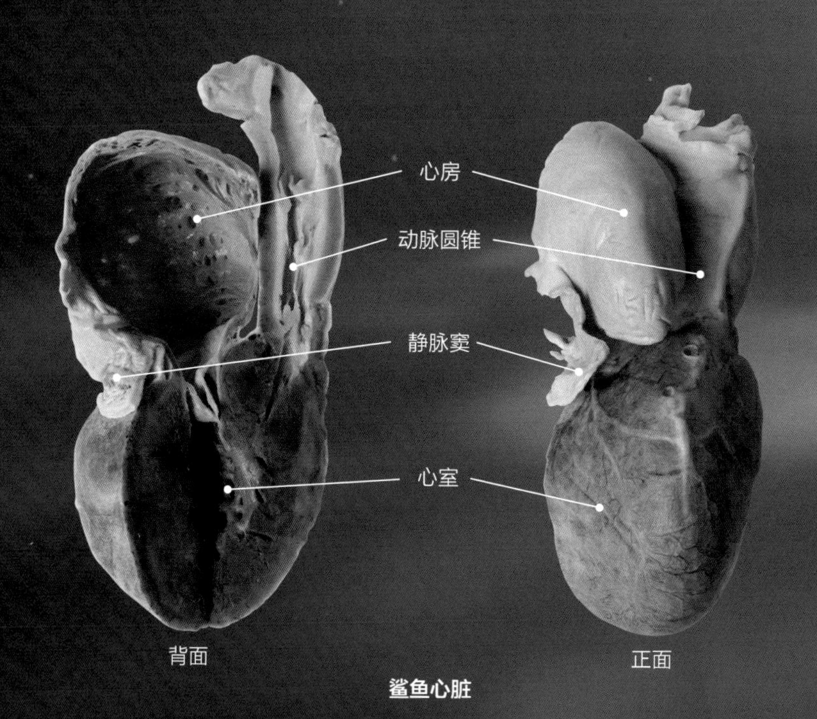

鲨鱼心脏

血液每循环一周只流经心脏一次。静脉血从心脏发出到达鳃部，经过气体交换后，动脉血从鳃部直接流经身体各部分，变成静脉血再返回心脏，循环效率低于哺乳动物。

鲸是哺乳动物，其心脏由两个心房、两个心室组成，是“双循环形式”。血液每循环一周流经心脏两次。心隔已闭合完全，使左右两半互不相通，动、静脉血液各司其职，有利于新陈代谢。

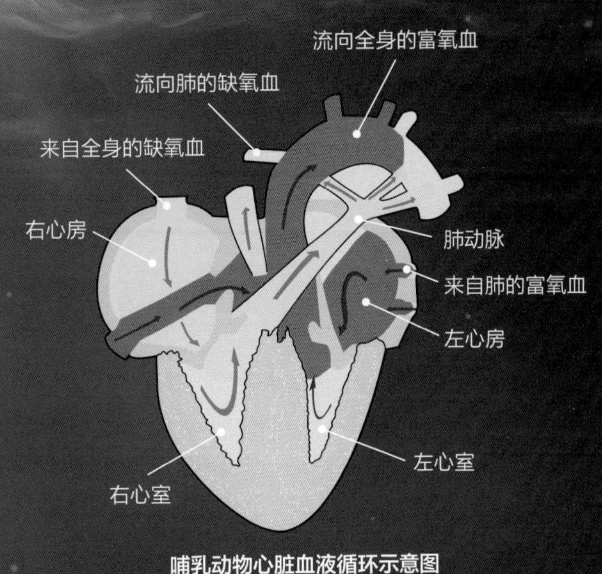

哺乳动物心脏血液循环示意图

鲸心脏

右心室
左心室

不一样的呼吸

鲸和鱼的呼吸器官也极为不同。鱼类用鳃呼吸，通过鳃盖（硬骨鱼）和鳃间隔（软骨鱼）的运动，使水流从口进入，由鳃裂排出。

鲸用肺呼吸，当浮出水面换气时，它将肺内的大量废气排出，再通过头顶的鼻孔吸入新鲜空气，空气经器官进入肺泡，与毛细血管网中的血液完成气体交换。

鲨鱼鳃

鲨鱼骨骼

肺泡模式图

鲸肺

不一样的皮

人会根据天气情况适当增加或减少衣物，那么，海洋中的鱼类和鲸是如何适应四季温度变化的呢？

鱼是变温动物，不需要皮下脂肪来保持体温，它们会根据环境温度随时改变自己的体温。当水流变冷时，鱼会主动寻找其他适宜的生活水域，这也是它们大范围迁徙的原因之一。

不是所有的海底动物都是变温动物。鲸作为哺乳动物，体温是恒定的，无论在什么样的环境下，鲸的体温在36℃左右。与鱼类完全相反，鲸皮下

鲨鱼的皮肤标本

有很厚的脂肪，可以使鲸保持体温、减轻身体在水中的比重，因为脂肪的密度小于海水的密度。鲸的一些部位是没有脂肪的，如鲸的前鳍、尾鳍和背鳍。但这些部位为什么也不会受冻呢？因为鲸鳍上的动脉又分为无数平行的小动脉，每条小动脉周围又被许多纵行的静脉血管包围，形成一个个血管束，动脉与静脉紧密接触，可减少能量散失。

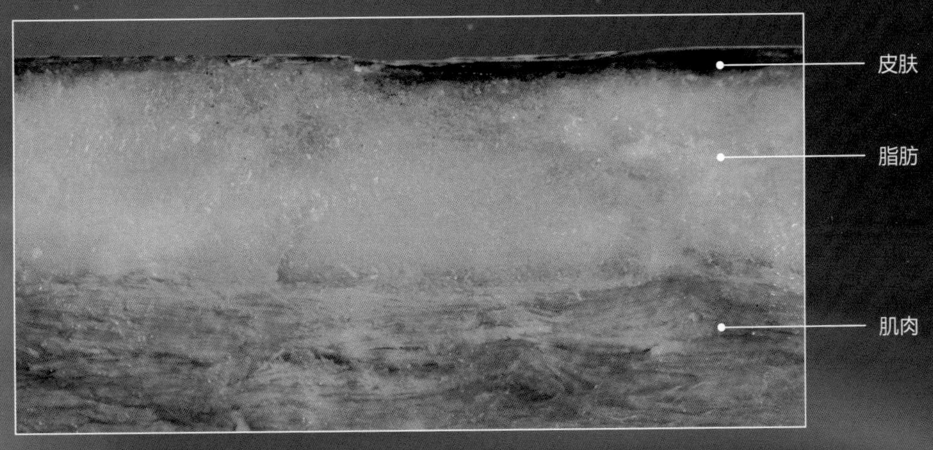

鲸的皮肤标本

齿鲸牙齿

36 齿鲸与须鲸的区别在哪里？

通常体型大者称鲸，小者为豚。世界上最大的须鲸（蓝鲸）比最大的齿鲸（抹香鲸）体型大。齿鲸与须鲸不仅体型差距较大，性格上也存在很大的差异。齿鲸体型小但较为凶猛，须鲸则相对温顺很多。

齿鲸的牙齿非常锋利，整齐排列。须鲸没有牙齿，却有密集的鲸须，海水中的食物被须毛过滤出来，舌头可以收集食物，正因如此，须鲸的舌头比齿鲸大且灵活。

齿鲸与须鲸的区别

种　类	齿　鲸	须　鲸
牙齿	有，锋利	无，有鲸须
水柱	1 个：倾斜、粗、矮	2 个：垂直、细、高
体型	小	大
食物	大鱼、海兽	小鱼、小虾
性格	凶猛	温顺
代表动物	抹香鲸、白鳖豚、海豚、江豚	蓝鲸、长须鲸、座头鲸、灰鲸、小鰛鲸

齿鲸主要以海洋中的鱼类、头足类及小型海洋哺乳动物为食，须鲸主要以滤食海洋中的磷虾及小型鱼类为主。

齿鲸只有一个气孔，呼吸时只能喷出一股喷泉。须鲸一般有两个鼻孔，位于头顶，呼吸时可以喷出两股喷泉。

齿鲸气孔

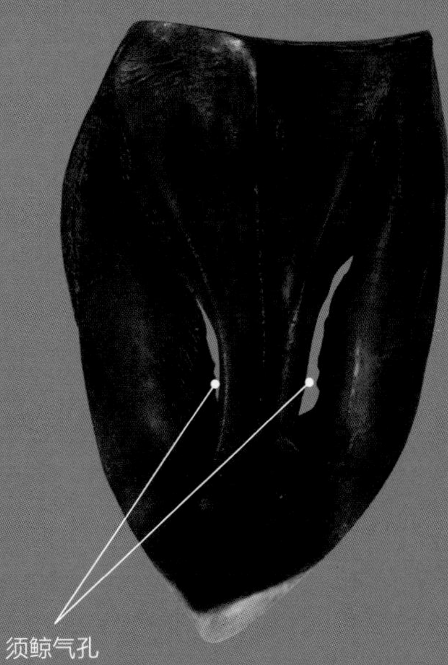
须鲸气孔

37 鲸会椎间盘突出吗？

鲸是脊椎动物，和人一样拥有完整的脊柱，脊柱由多块椎骨合并在一起。

鲸颈椎

在椎骨和椎骨之间的结构叫作“椎间盘”。椎间盘是由纤维软骨构成的，可以在一定程度上压缩变形。鲸和人的椎间盘十分相似，但由于人类是直立行走的，椎间盘压力增大会出现椎间盘突出的问题，那么鲸会出现类似的问题吗？鲸椎骨剖面皮质非常薄，骨松质发达，内部充满脂肪，有利于其在水中增加浮力，鲸的脊柱受到的压力小，不会有椎间盘突出的问题。

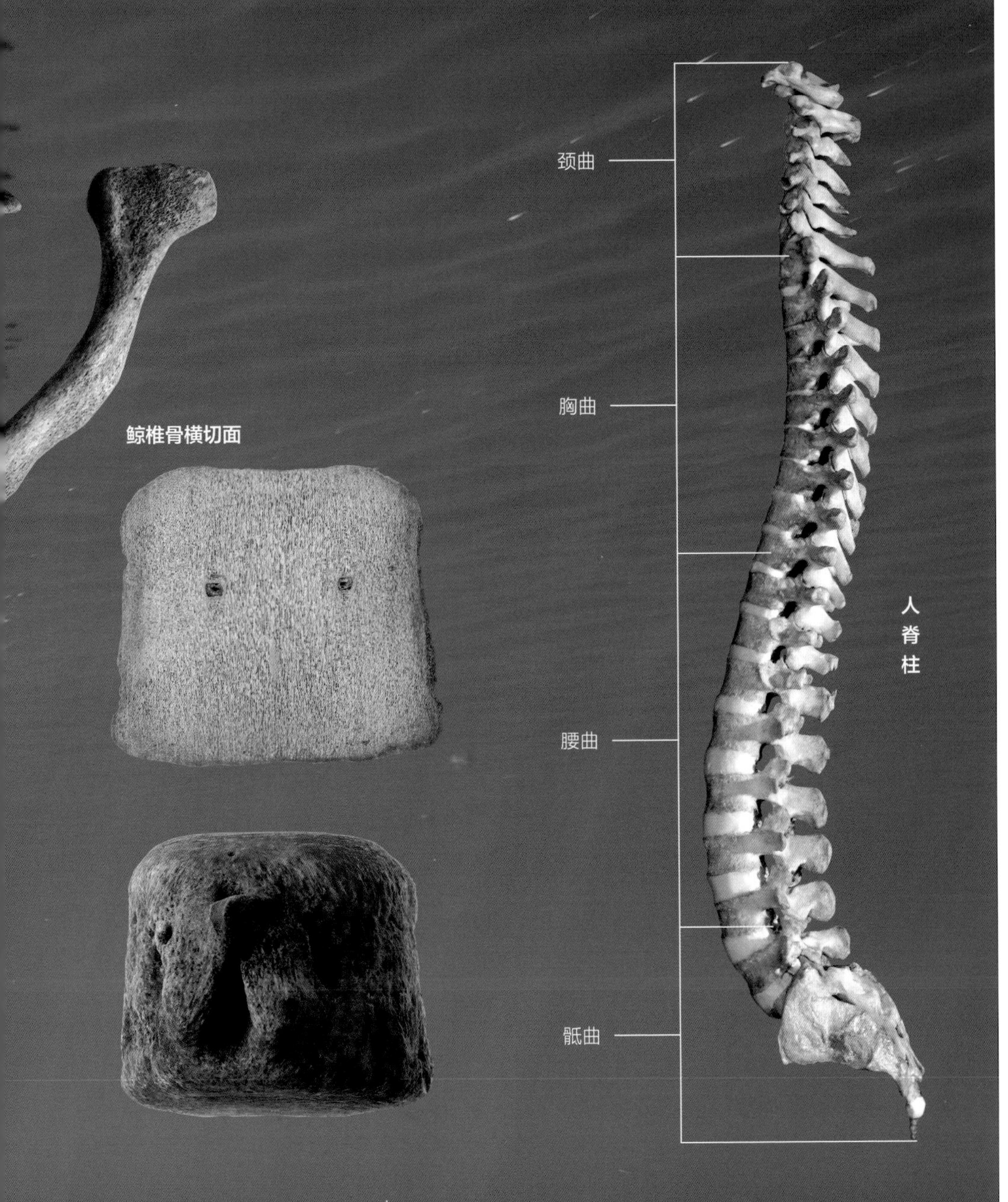

38 齿鲸的声呐是如何形成的？

齿鲸是靠声呐发现猎物和感知周围环境的，那么齿鲸的声呐是如何形成的呢？

通过江豚头部的正中切面，可以观察到脑颅，以及呼吸道。通常动物有两个鼻孔，而江豚的鼻孔却有不同之处：一个鼻孔通往外界，与皮肤表面连接，用来呼吸；另一个鼻孔不与外界相通，隐藏在皮下。声波是靠封闭的鼻孔发生震动产生的，这个鼻孔就是它的声呐系统。

海豚的声呐结构位于前额正中处，是像透镜一样的瓜状体，称为“额隆”，起到发音功能。发音之后，海豚通过

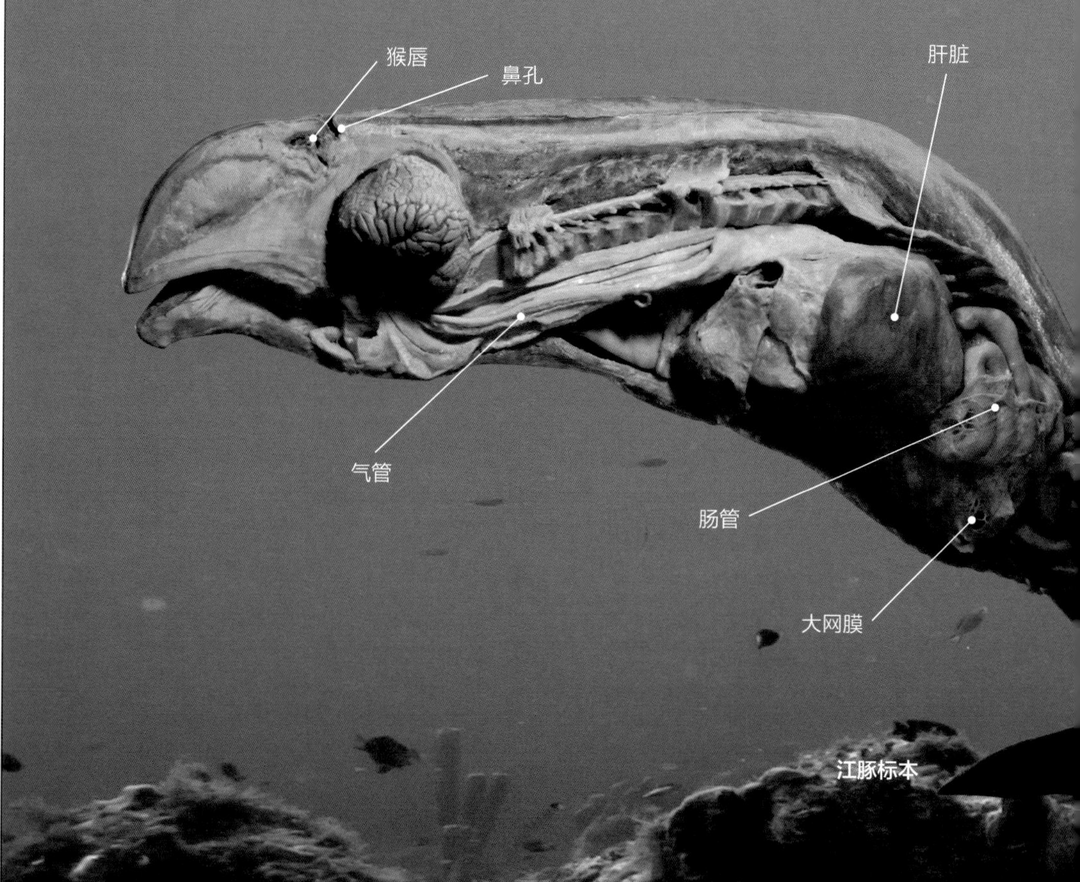

江豚标本

额隆将声呐发出的声波放大传递出去，探测猎物，进行精准定位。海豚的声呐还具有情感表达能力，同伴之间可以通过声呐系统进行沟通交流。

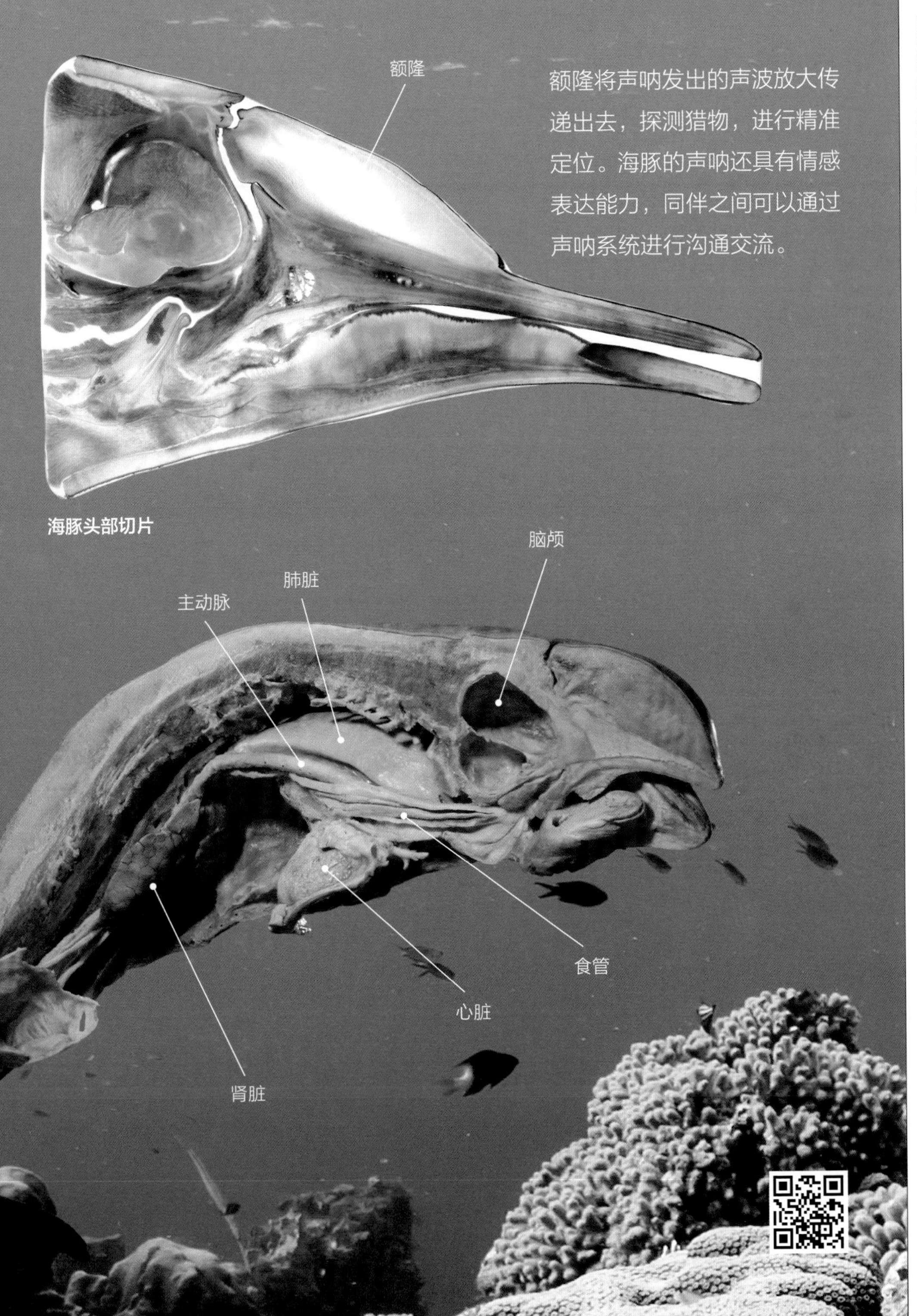

海豚头部切片

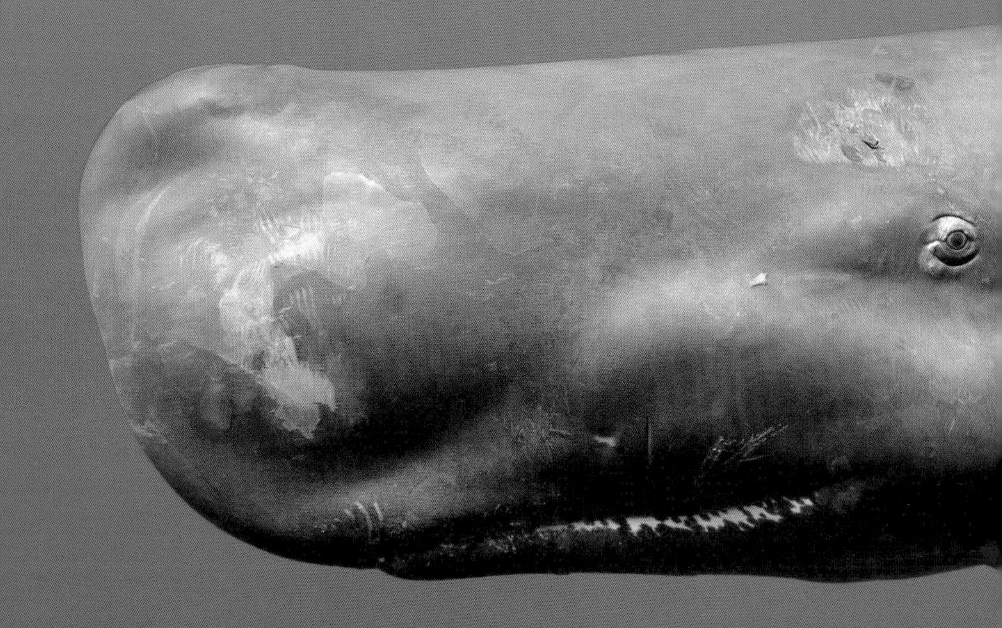

39 抹香鲸的下颌骨里藏着“大音响”？

齿鲸的下颌骨很薄，内部有空腔。齿鲸的下颌骨就像一个音响，当声呐发出的声波遇到障碍物返回时，下颌骨会产生共振，共振通过颅骨传到内耳，听到回声。因此，齿鲸的听力主要是通过骨传导，而不是直接靠声波传导的。

鲸类喉部没有声带，因此鲸类发声并不是通过喉部完成的，而主要是通过喷水孔处的括约肌控制空气流动，从而产生振动，发出长鸣或低吼来完成的。鲸类发声的频率大约为 10 ~ 20 Hz，发出的声音有两类：一是定位声，为短促的“尖叫声”；二是用以通信的信号声，似连续的“哨声”。

我们经常觉得自己的声音和手机里传出的声音不一样，这是因为人感知声音的方式有空气传导和骨传导，他人听到我们声音的方式是空气传导，我们听到自己声音的方式是骨传导。现在有些耳机、助听器就利用了此原理。

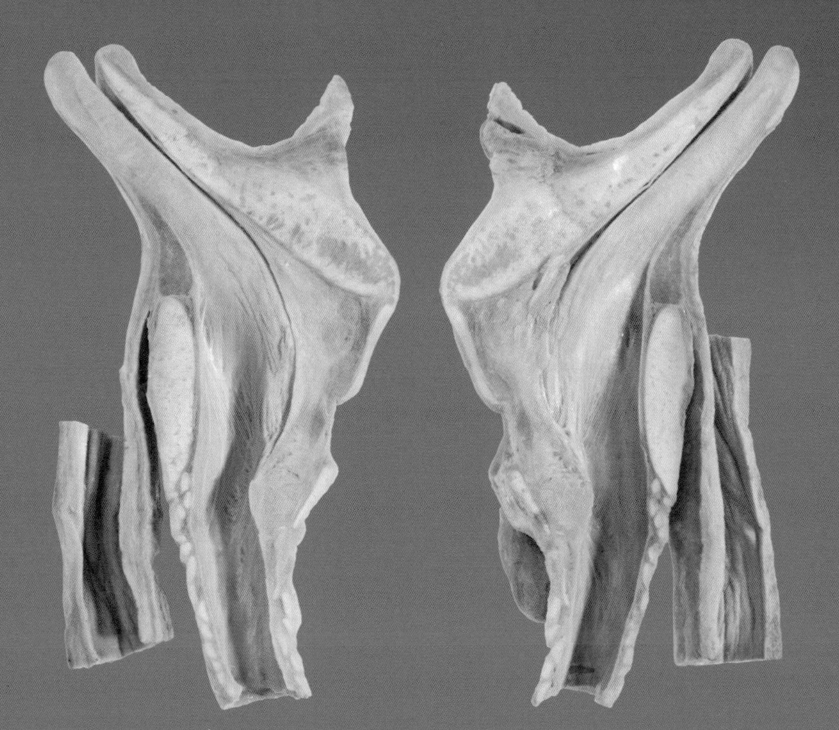

鲸类喉部

40 动物界的“匹诺曹”

抹香鲸是世界上最大的齿鲸，成年雄性抹香鲸的头部占身体总长的1/3。抹香鲸的鼻子是由鼻腔复合体和鼻道构成的，单是鼻道长度就可以达到6米，因此抹香鲸的鼻子可以被称为“世界上最大的鼻子”。

一个在水下生活的动物，为什么需要这么大的鼻子呢？一般动物的鼻子有两个鼻孔，只用来呼吸和辨别气味；然而，抹香鲸有鼻腔复合体，其中是它的脑油舱和脑油器。

脑油舱里面纵向排列着如透镜一样的结缔组织片。科学家对于脑油舱的功能还没有定论，但目前的猜想是它可能与共振发声及脑油舱为攻击武器有关。

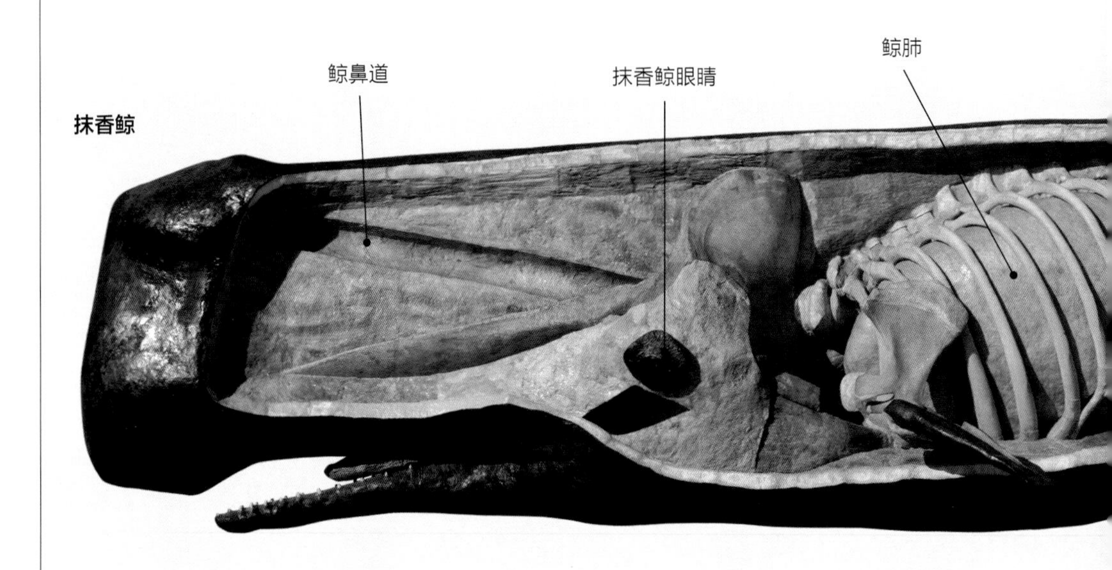

脑油器当中储存着著名的鲸脑油，可以用来燃烧，可以被做成蜡烛，甚至可以被做成化妆品，这也是19世纪欧美捕鲸船捕杀鲸的重要原因。鲸脑油为抹香鲸带来了杀身之祸。那么，为什么抹香鲸还需要这两个看似累赘的器官呢？

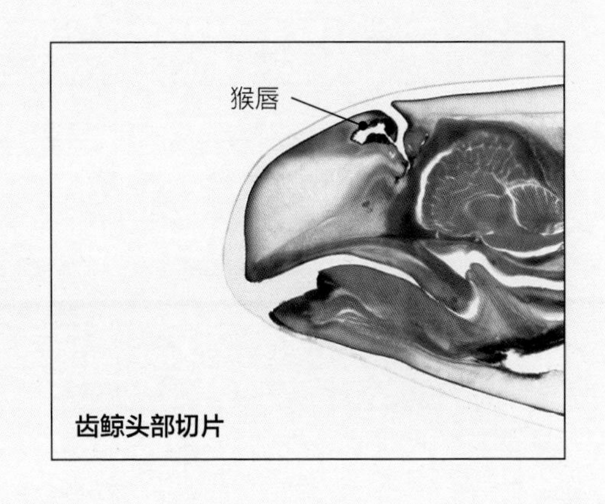

齿鲸头部切片

抹香鲸鼻子里的左右两个鼻道完全不同，左侧的鼻道宽大，有通畅的气孔，用来呼吸；右侧的鼻道宽度只有左侧的1/3，连接着一个叫“猴唇”的器官。猴唇像是两片可以用来拍打的肉片，靠互相之间的振动拍打发出声音。因此，右侧的鼻道就通过控制猴唇之间的气流来控制其拍打发声。猴唇拍打发声之后，声音在巨大的脑油器中震荡、反弹、放大。抹香鲸靠鼻子发出的巨大声音，拥有了回声定位及交流的能力。

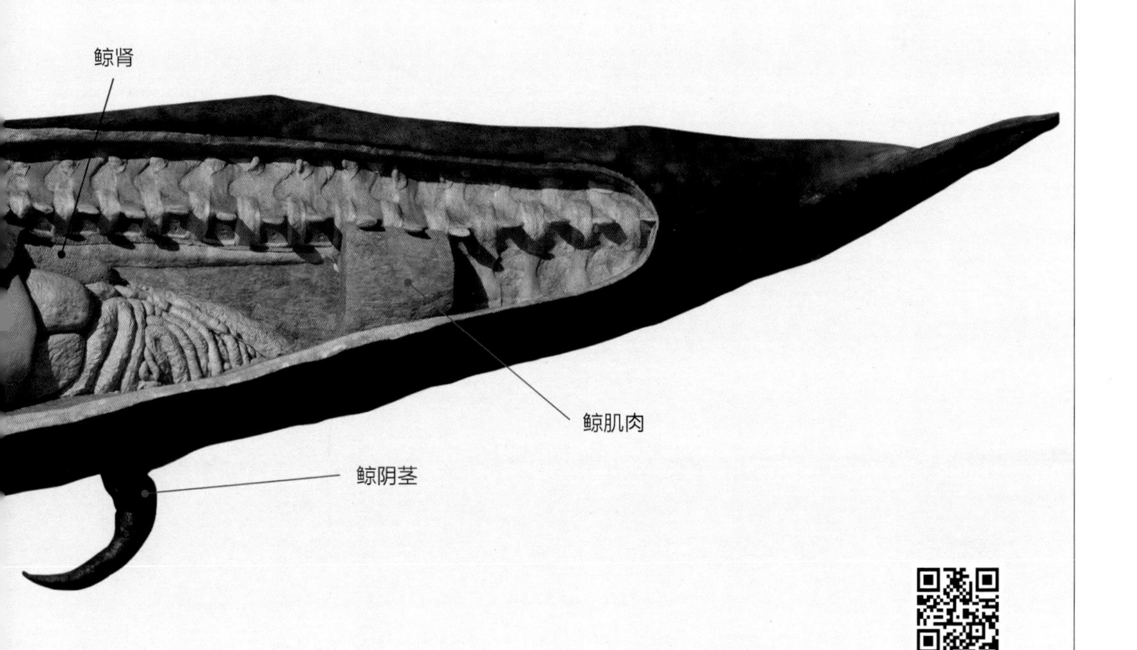

41 牛是鲸的大爷？

鲸从陆地走向海洋，那么问题来了：鲸的祖先究竟是谁呢？

近年来，化石研究及分子生物学研究证明了偶蹄目动物和鲸之间的亲缘关系。从生物的内部结构中，同样能够找到鲸的祖先。

证据一：胃。牛胃和鲸胃都是由四个胃组成的，而且鲸和牛的第一个胃作用相同，都用来储存食物。

鲸胃

证据二：肾脏。牛的肾脏，表面有许多分区。鲸肾外形类似葡萄。鲸肾由很多肾小叶构成，每个肾小叶都单独履行着肾脏的功能，这让鲸可以高效地将盐分排出体外。

从内部结构看，鲸和牛有很多相似之处，由此推断鲸的祖先是像牛这样的偶蹄目动物。值得一提的是，偶蹄目也被表述为鲸偶蹄目，一般用来描述鲸是从偶蹄目进化而来的。

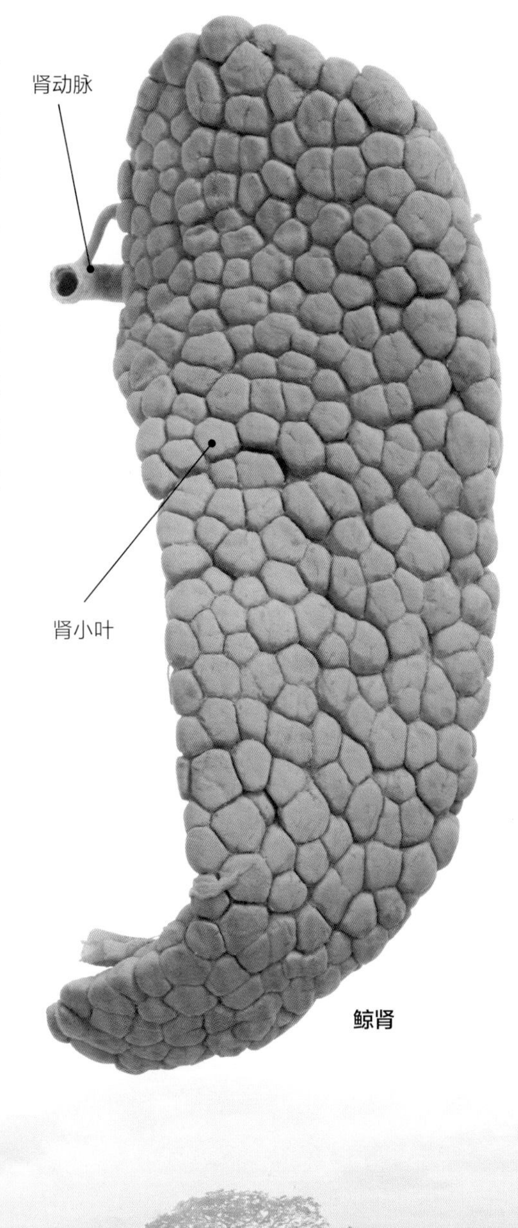

鲸肾

牛肾

42 一鲸落，万物生

一鲸落，万物生，或许这是世间最美的重生。鲸的成长需要非常多的海洋资源，而鲸的陨落又会将所有的资源回赠给海洋，这是生命的循环。周而复始，生生不息。

鲸，取之于海，馈之于海。当鲸在海洋中死亡后，它会缓慢沉入海底，并在此过程中形成一个独特的生态系统，这被称为“鲸落”。鲸落的“落”是指：鲸落大洋底，就像村落一样星罗棋布。一具鲸的尸体可以供养一套以分解者为主的循环系统长达百年，这是它留给大海最后的温柔。

鲸落绘图：孙诗竹

鲸落生态系统的四个进化阶段

1. 移动清道夫阶段：在鲸下沉至海底的过程中，鲨鱼、螃蟹等以鲸尸体中的柔软组织为食。由于鲸的个体大小不同，这一过程可以持续 4 ~ 24 个月。在此期间，90% 的鲸尸将被分解。

2. 机会主义者阶段：在这个阶段，一些无脊椎动物特别是多毛类和甲壳类动物，能够以残余鲸尸作为栖居环境，一边生活，一边啃食残余鲸尸，不断改变它们的所在环境。

3. 化能自养阶段：大量厌氧细菌进入鲸骨和其他组织，分解其中的脂类，使用溶解在海水中的硫酸盐作为氧化剂，产生硫化氢。这样的微型生态供能系统，能维持上百种无脊椎动物的生存。这一阶段是鲸落持续最久的阶段，可长达 50 年。

4. 礁岩阶段：当残余鲸落中的有机物质被消耗殆尽后，鲸骨的矿物遗骸就会作为礁岩，成为生物们的聚居地。这一独特的生态系统至此圆满落幕。

图书在版编目（CIP）数据

探秘：看见生物多样性 / 隋鸿锦主编．—北京：电子工业出版社，2023.5

ISBN 978-7-121-44798-3

Ⅰ．①探…　Ⅱ．①隋…　Ⅲ．①生物多样性－普及读物　Ⅳ．①Q16-49

中国国家版本馆CIP数据核字（2023）第018730号

责任编辑：郝喜娟
特约编辑：潘　羽
印　　刷：北京缤索印刷有限公司
装　　订：北京缤索印刷有限公司
出版发行：电子工业出版社
　　　　　北京市海淀区万寿路173信箱　邮编：100036
开　　本：720×1000　1/16　印张：7　字数：101千字
版　　次：2023年5月第1版
印　　次：2024年12月第3次印刷
定　　价：68.00元

凡所购买电子工业出版社图书有缺损问题，请向购买书店调换。若书店售缺，请与本社发行部联系，联系及邮购电话：（010）88254888，88258888。

质量投诉请发邮件至 zlts@phei.com.cn，盗版侵权举报请发邮件至 dbqq@phei.com.cn。

本书咨询联系方式：haoxijuan@phei.com.cn。